CHEMINS DE FER

PAR

CH. GOSCHLER

ANCIEN ÉLÈVE DE L'ÉCOLE CENTRALE DES ARTS ET MANUFACTURES

et successivement

INGÉNIEUR AUX CHEMINS DE FER D'ALSACE, INGÉNIEUR PRINCIPAL AUX CHEMINS DE FER DE L'EST

DIRECTEUR GÉNÉRAL DU CHEMIN DE FER HAINAUT ET FLANDRES

DIRECTEUR DU CONTRÔLE DE LA CONSTRUCTION DES CHEMINS DE FER DE LA TURQUIE D'EUROPE, ETC.

DEUXIÈME ÉDITION

CONSIDÉRABLEMENT AUGMENTÉE

PREMIÈRE PARTIE — SERVICE DE LA VOIE

ATLAS

PARIS

LIBRAIRIE POLYTECHNIQUE

J. BAUDRY, LIBRAIRE-ÉDITEUR

RUE DES SAINTS-PÈRES, 15

LIÉGE, MÊME MAISON

1872

Tous droits réservés

TRAITÉ PRATIQUE

DE

L'ENTRETIEN

ET DE

L'EXPLOITATION

DES

CHEMINS DE FER

PAR

CH. GOSCHLER

ANCIEN ÉLÈVE DE L'ÉCOLE CENTRALE DES ARTS ET MANUFACTURES
et successivement :
INGÉNIEUR AUX CHEMINS DE FER D'ALSACE, INGÉNIEUR PRINCIPAL AUX CHEMINS DE FER DE L'EST
DIRECTEUR GÉNÉRAL DU CHEMIN DE FER HAINAUT ET FLANDRES
DIRECTEUR DU CONTRÔLE DE LA CONSTRUCTION DES CHEMINS DE FER DE LA TURQUIE D'EUROPE, ETC.

DEUXIÈME ÉDITION

CONSIDÉRABLEMENT AUGMENTÉE

ATLAS

PARIS

LIBRAIRIE POLYTECHNIQUE

J. BAUDRY, LIBRAIRE-ÉDITEUR

RUE DES SAINTS-PÈRES, 15

LIÉGE, MÊME MAISON

1872

Pl. 1.

G. Frouton del.　　Lemaître Graveur de l'Empereur sc.

PASSAGES À NIVEAU

Noblet et Baudry Éditeurs　　Lamoureux impr Paris

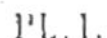

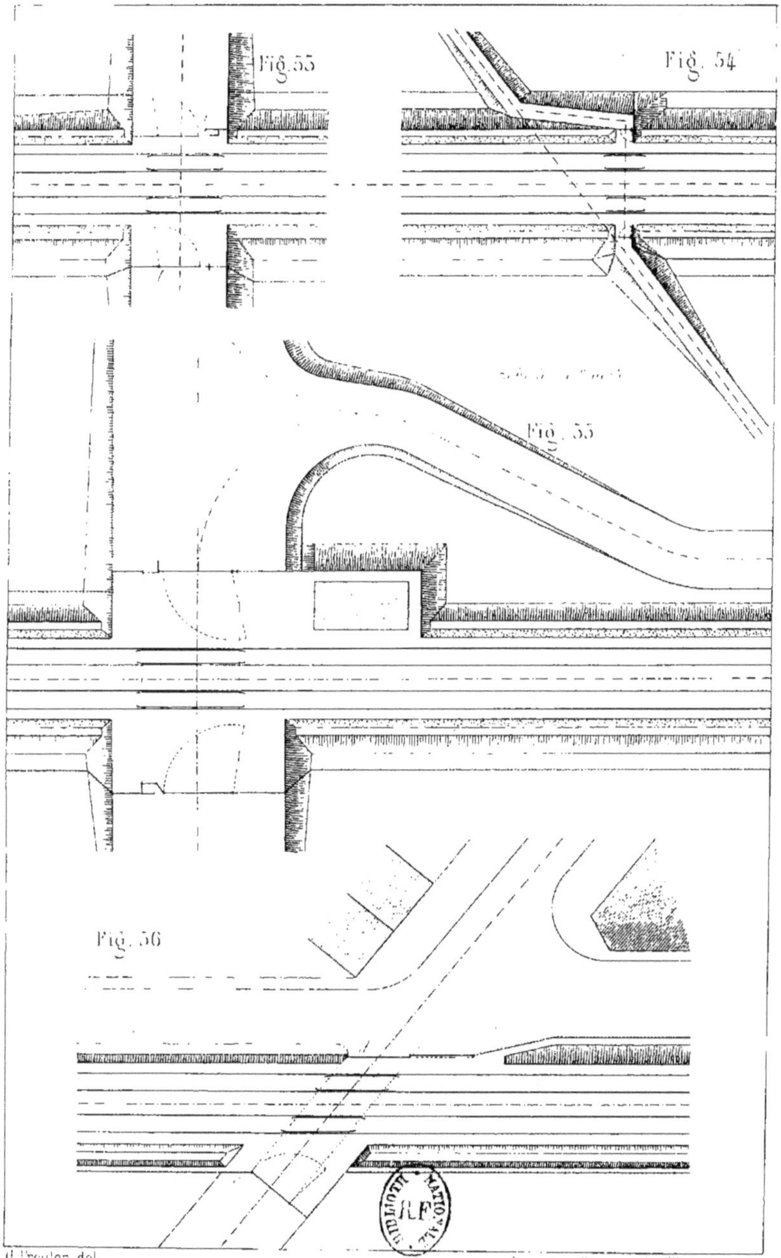

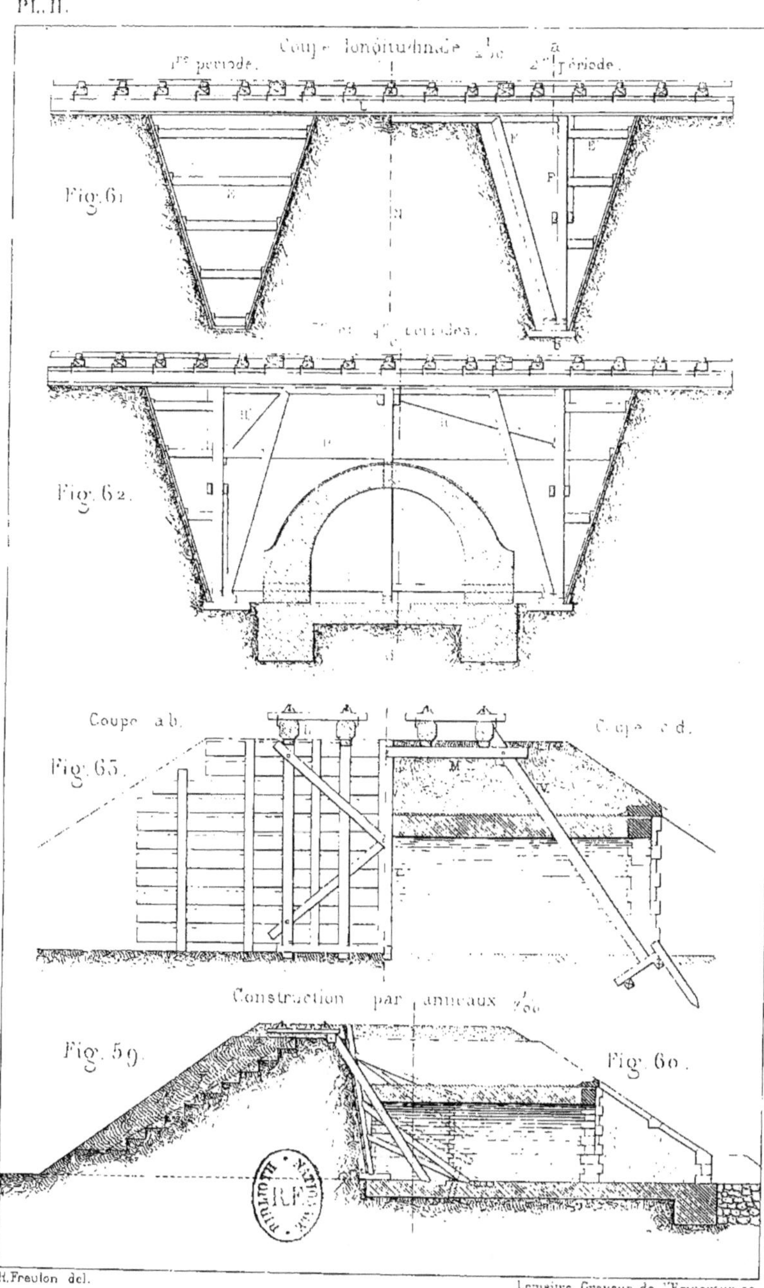

CONSTRUCTION SOUS UNE VOIE EN EXPLOITATION

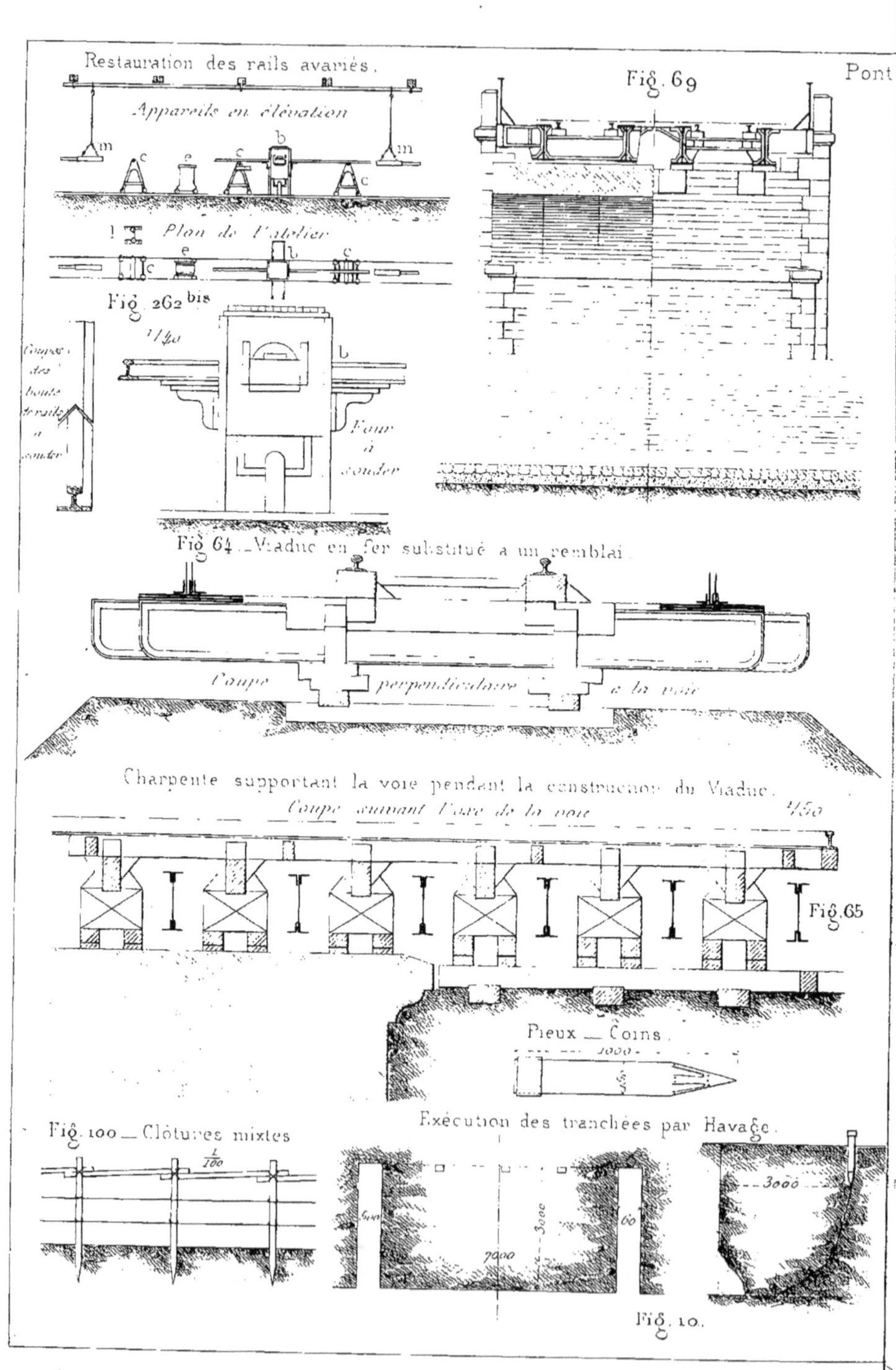

Restauration des rails avariés.
Appareils en élévation
m
c e c b c c
m
Plan de l'atelier
e b c
Fig. 262 bis
1/40
Coupe des bouts de rails à souder
Four à souder
Fig. 69
Pont
Fig. 64 _ Viaduc en fer substitué à un remblai.
Coupe perpendiculaire à la voie
Charpente supportant la voie pendant la construction du Viaduc.
Coupe suivant l'axe de la voie
1/50
Fig. 65
Pieux _ Coins.
1000
Fig. 100 _ Clôtures mixtes
1/100
Exécution des tranchées par Havage.
3000
3000
60
7000
Fig. 10.

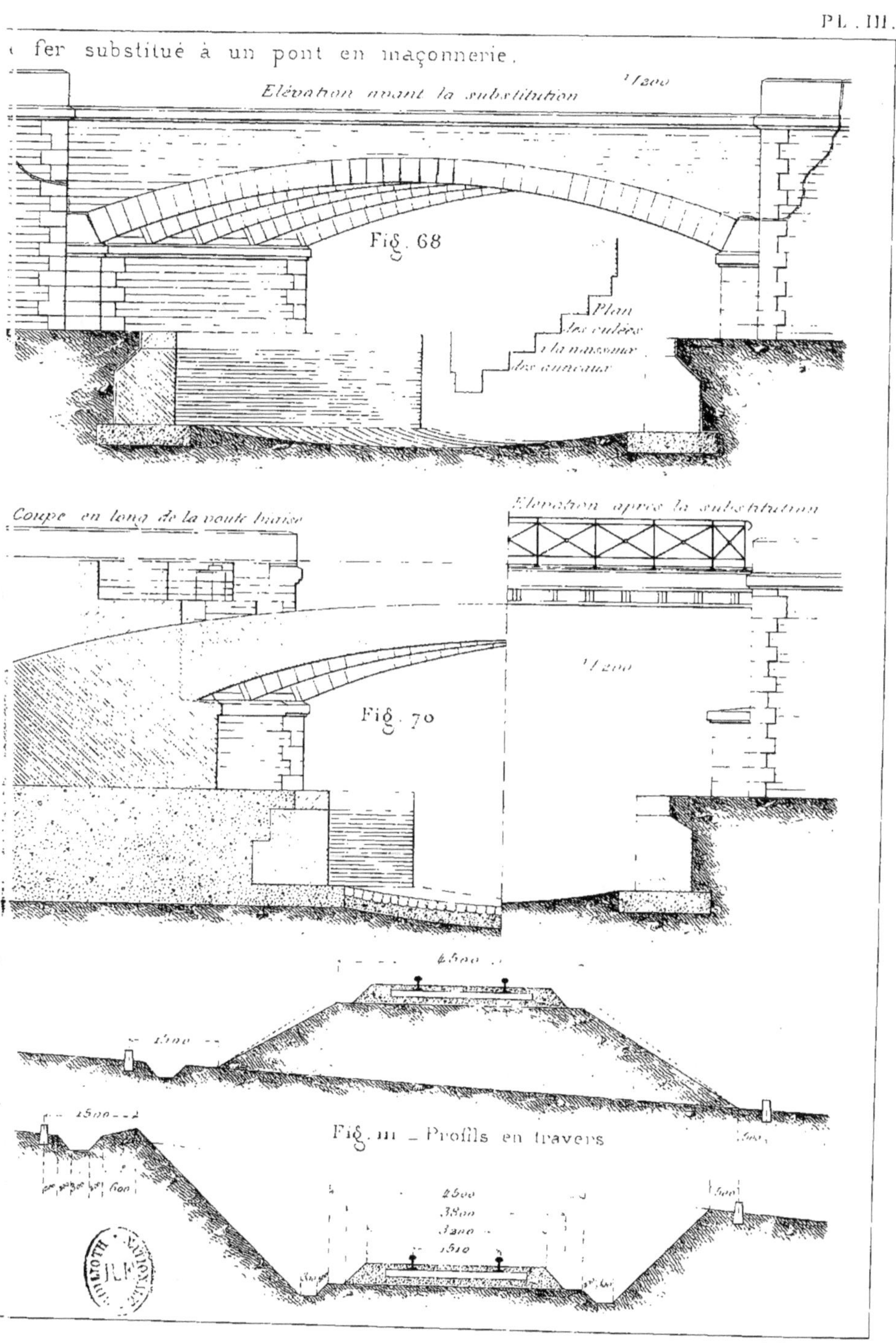

Imp. Ch. Chardon aîné, Paris.

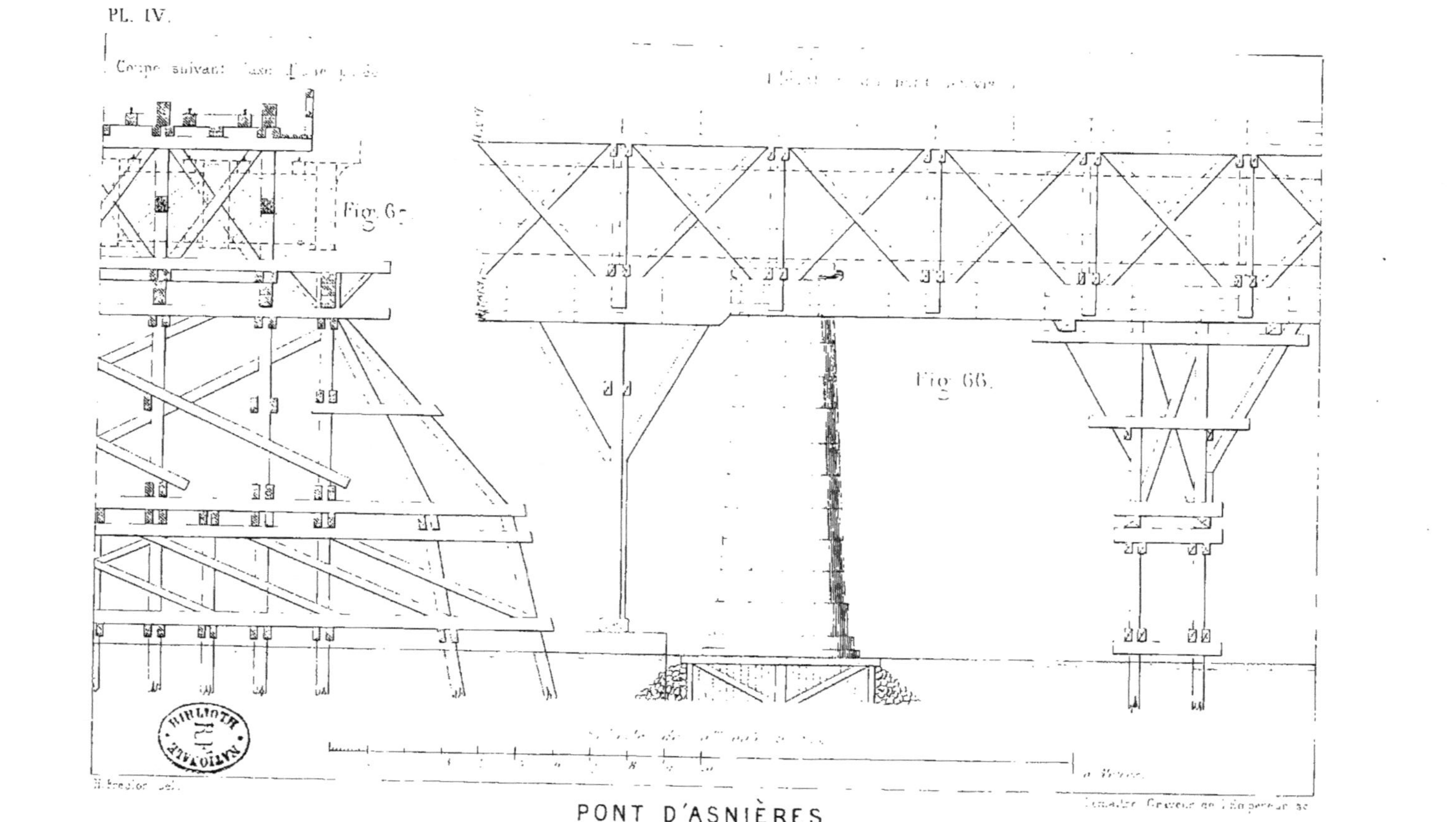

PL. IV.
Coupe suivant l'axe d'une pile
Fig. 6.
Fig. 66.
PONT D'ASNIÈRES
Millet et Bailly Éditeurs.
Lamoureux imp. Paris.

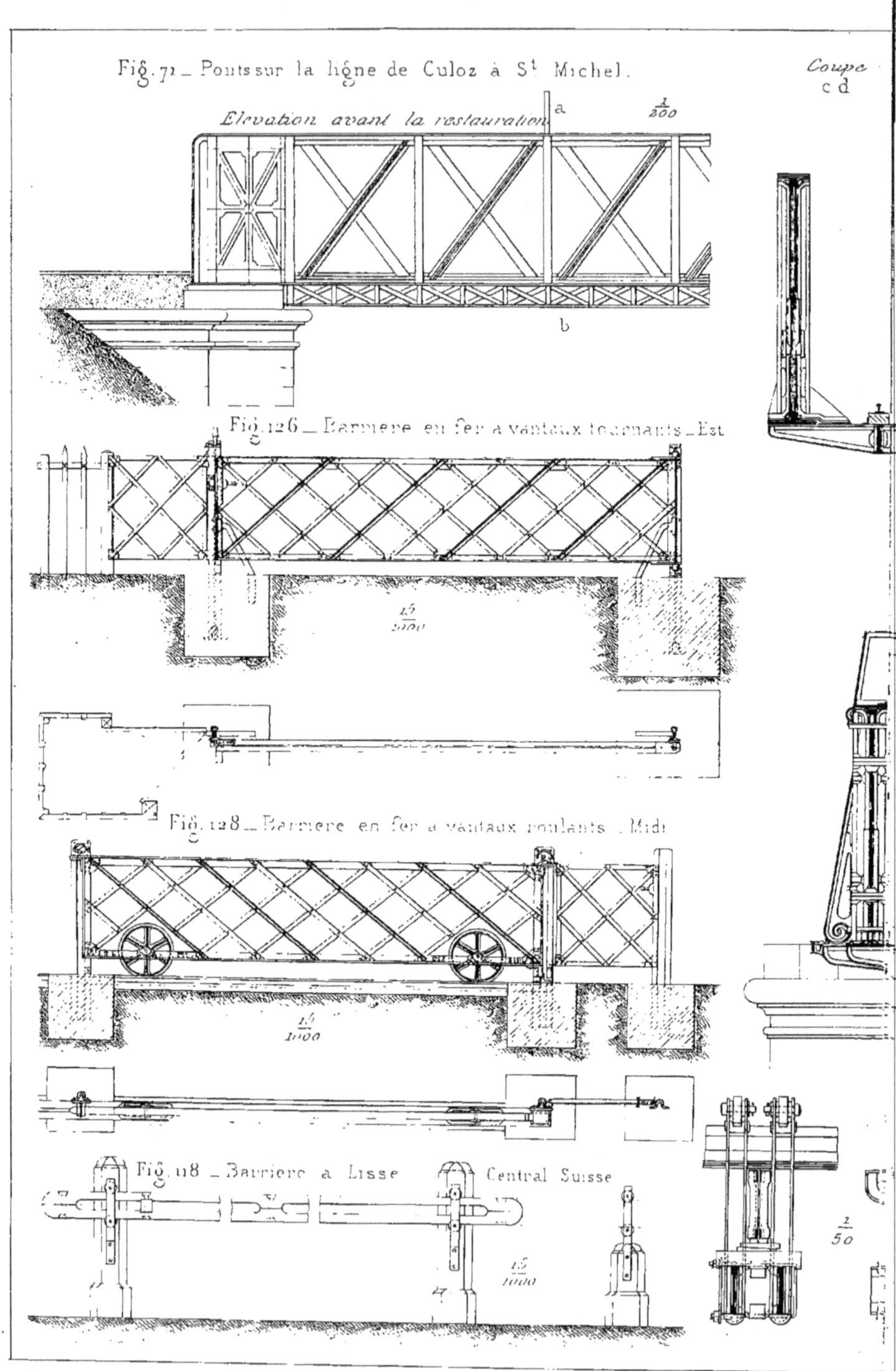

RESTAURATION DE PO

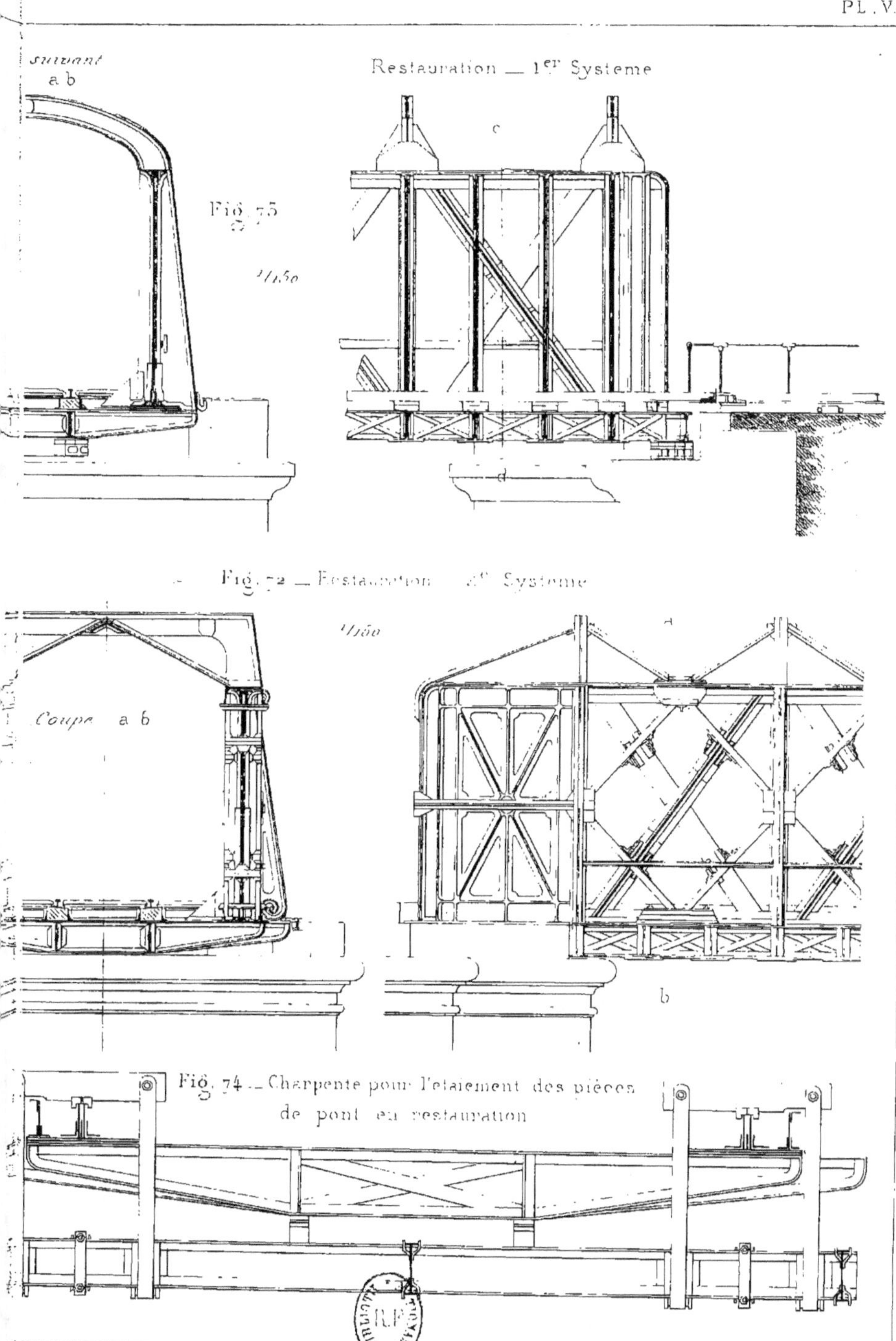

suivant
a b
Restauration — 1er Systeme
Fig. 75
1/150
Fig. 72 — Restauration 2e Systeme
1/150
Coupe a b
Fig. 74 — Charpente pour l'etaiement des pièces
de pont en restauration
EN FER — BARRIERES.

PL. VI.
Élévation du pont primitif.
Fig. 75.
Élévation, cintre et culée du pont en briques.
Fig. 77.
Coupe XY.
Fig. 78.
Coupe d'un puits suivant XY.
Coupe CD.
Fig. 78.1. -8.2.
Coupe EF. Coupe AB.
Fig. 77.
Fig. 76.
Sabots d'assemblages.
C   C
H.Freulon del.
PONT DE L'ILMENAU
Noblet et Baudry, Éditeurs.

PL. VII.
Tablier en bois
Coupe ef.
a
b
Voutes en briques.
c Coupe gh.
Fig. 79.
d
Coupe cd.
Coupe ab.
g
h
f
Échelle de 0.005 p. m.
10 Mètres
H. Fresson sc.
PONT DU GERDAU
Lemaître Graveur de l'Empereur sc.
Noblet et Baudry Éditeurs.
Lamoureux impr. Paris.

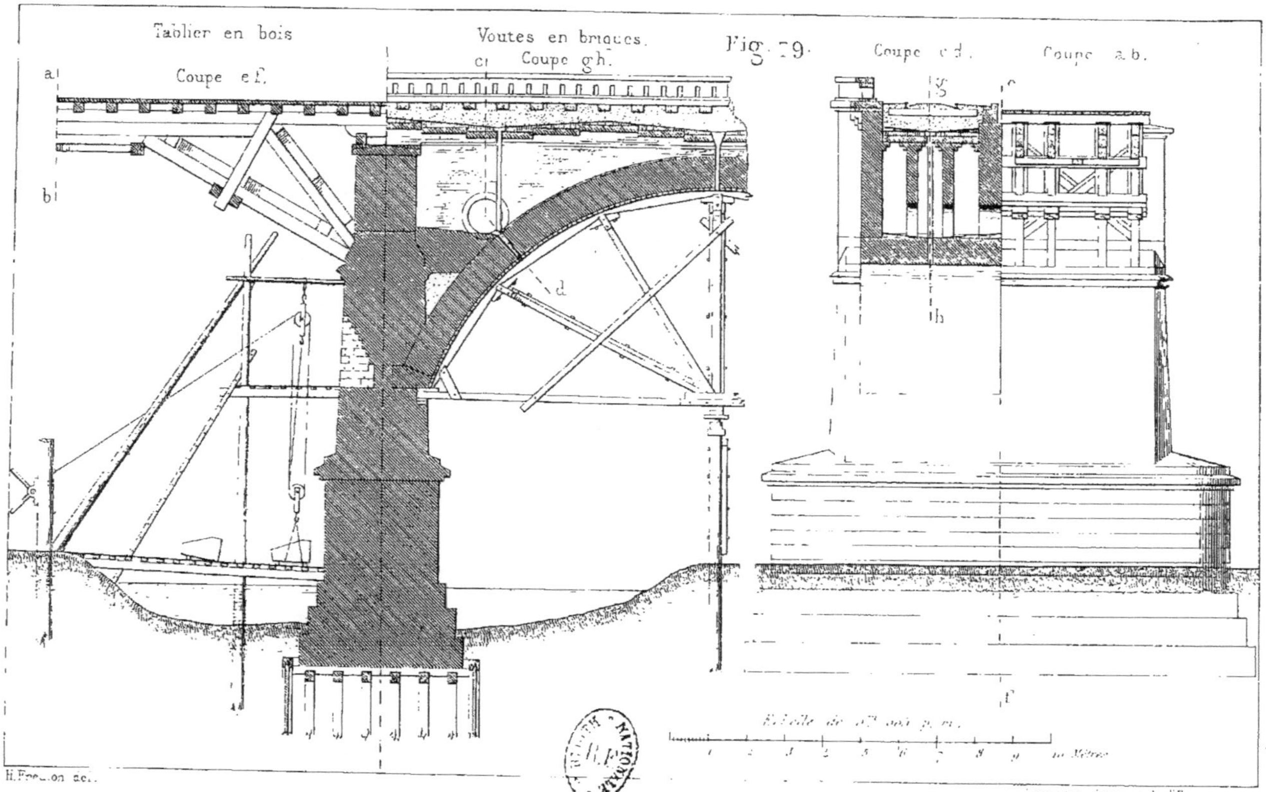

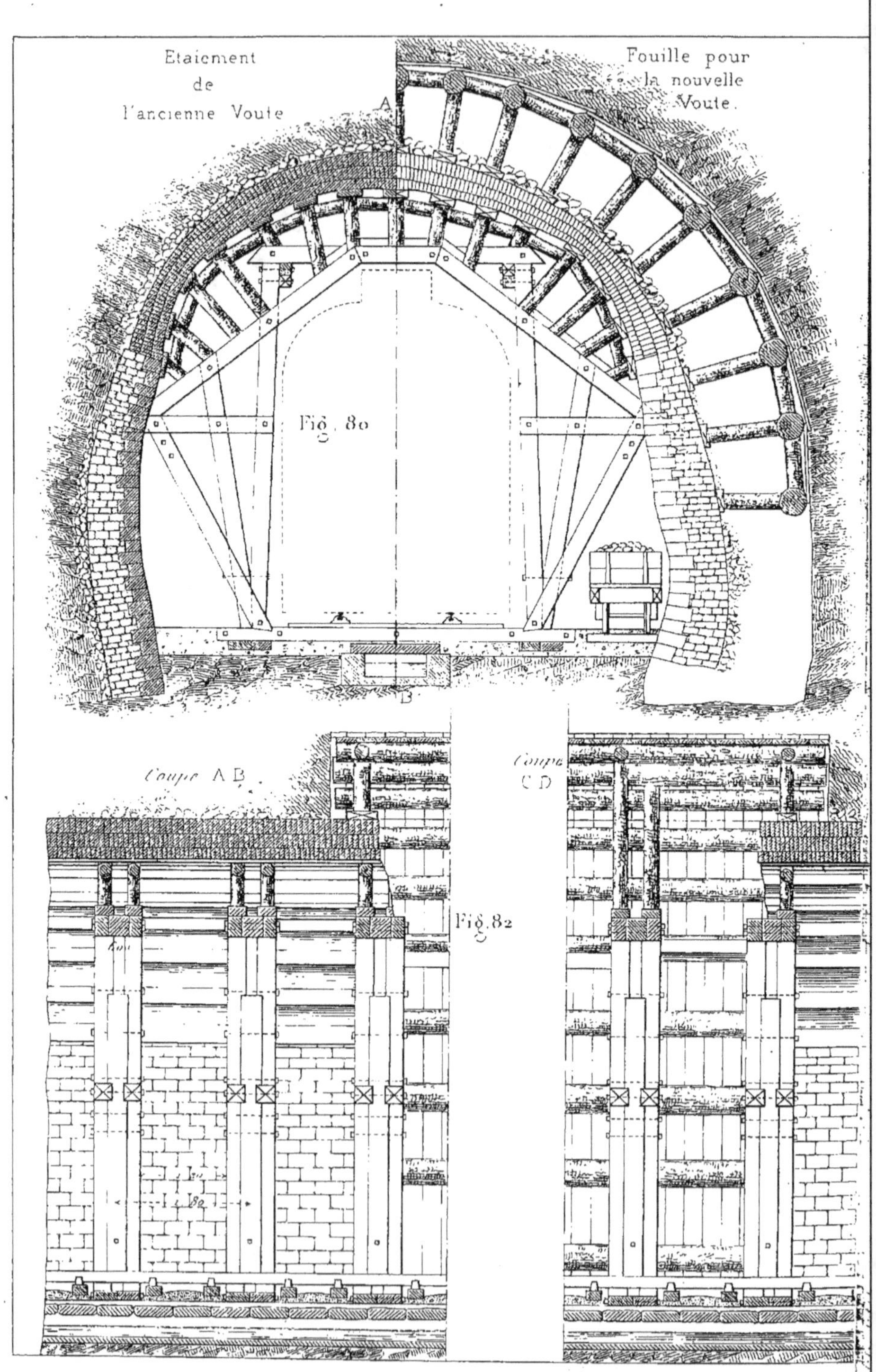

Etaiement
de
l'ancienne Voute
Fouille pour
la nouvelle
Voute.
A
Fig. 80
B
Coupe AB
Coupe CD
Fig. 82

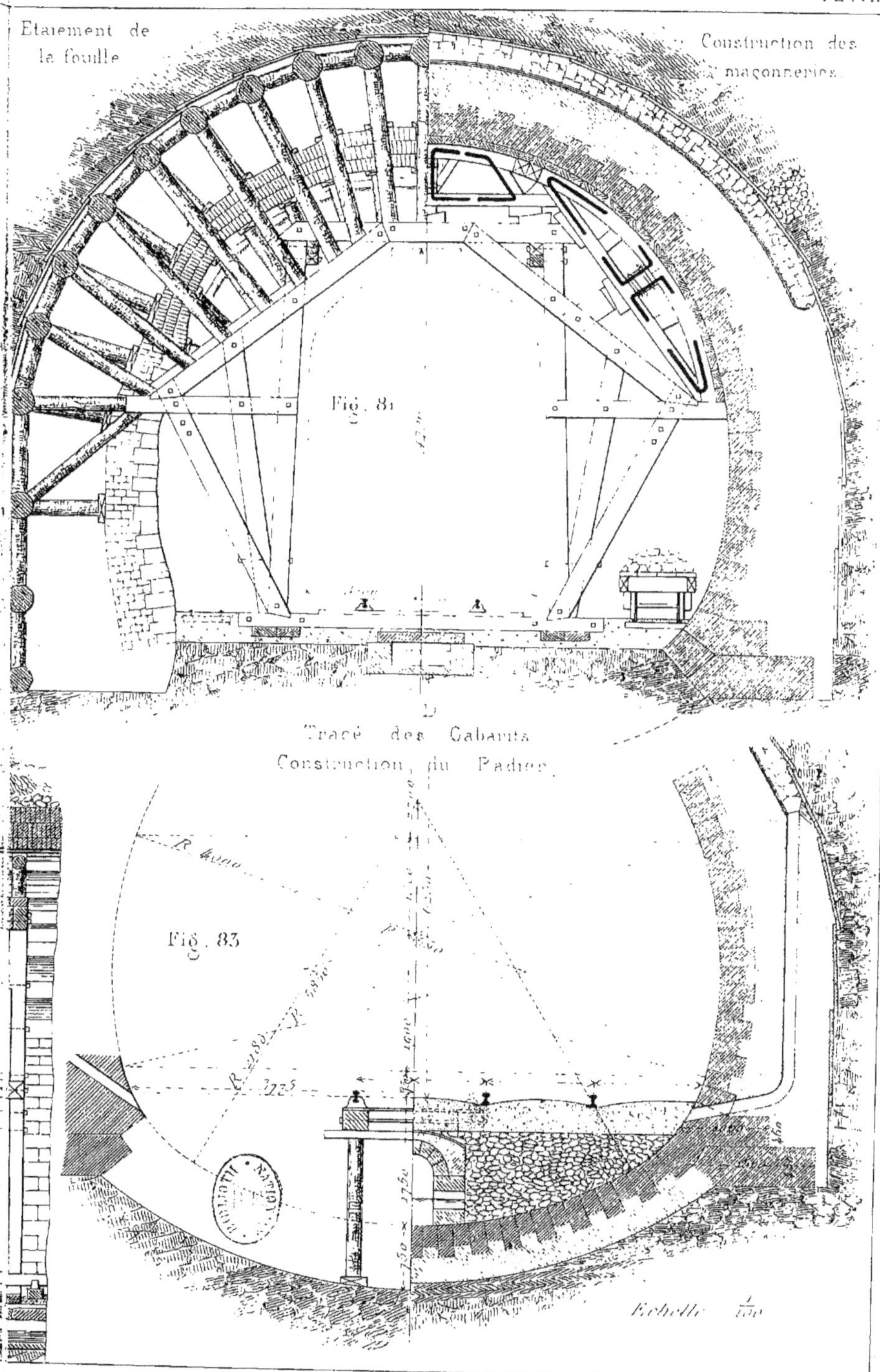

Etaiement de
la fouille
Construction des
maçonneries.
Fig. 81
Tracé des Gabarits
Construction du Radier.
R bono
Fig. 83
Echelle
L. Guérin

DE TUNNEL

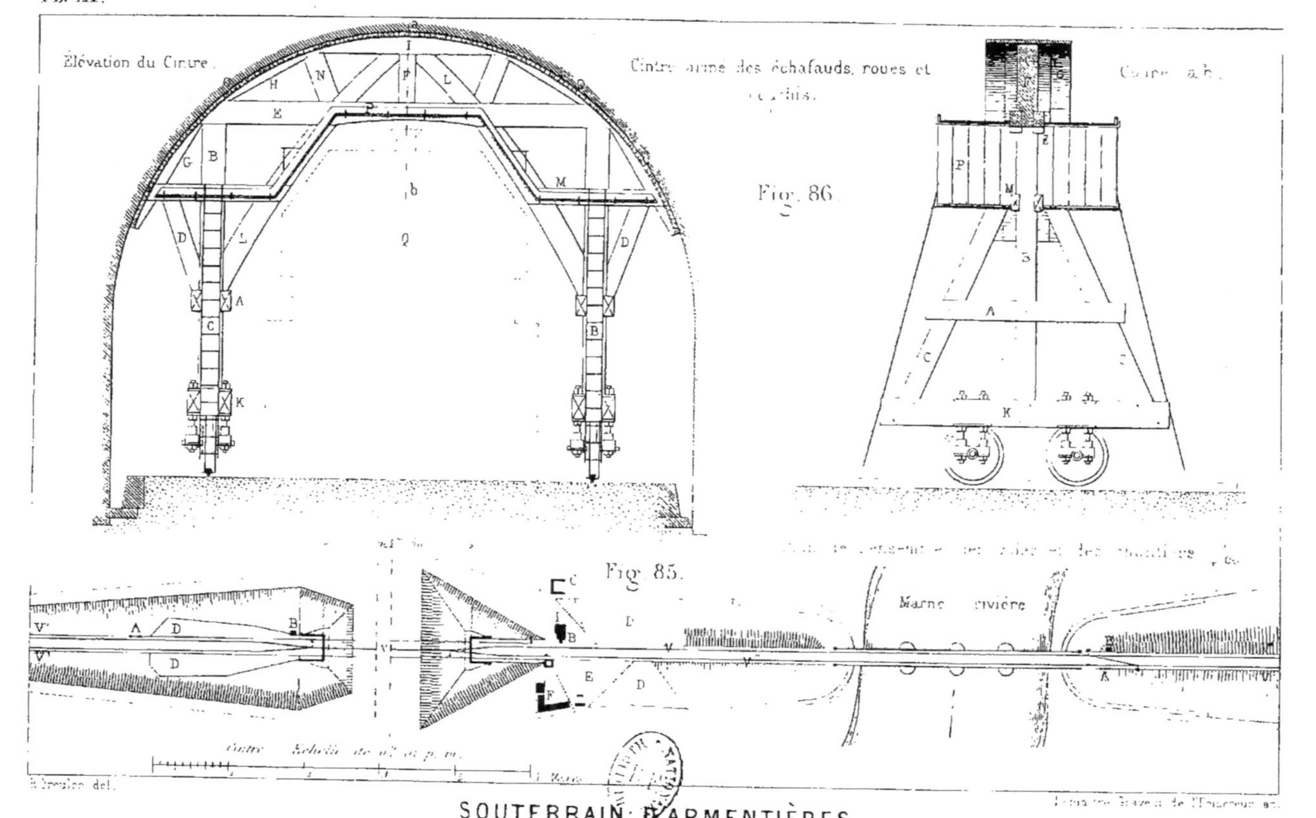

Niblet et Baudry Éditeurs.

Lamoureux Imp! Paris.

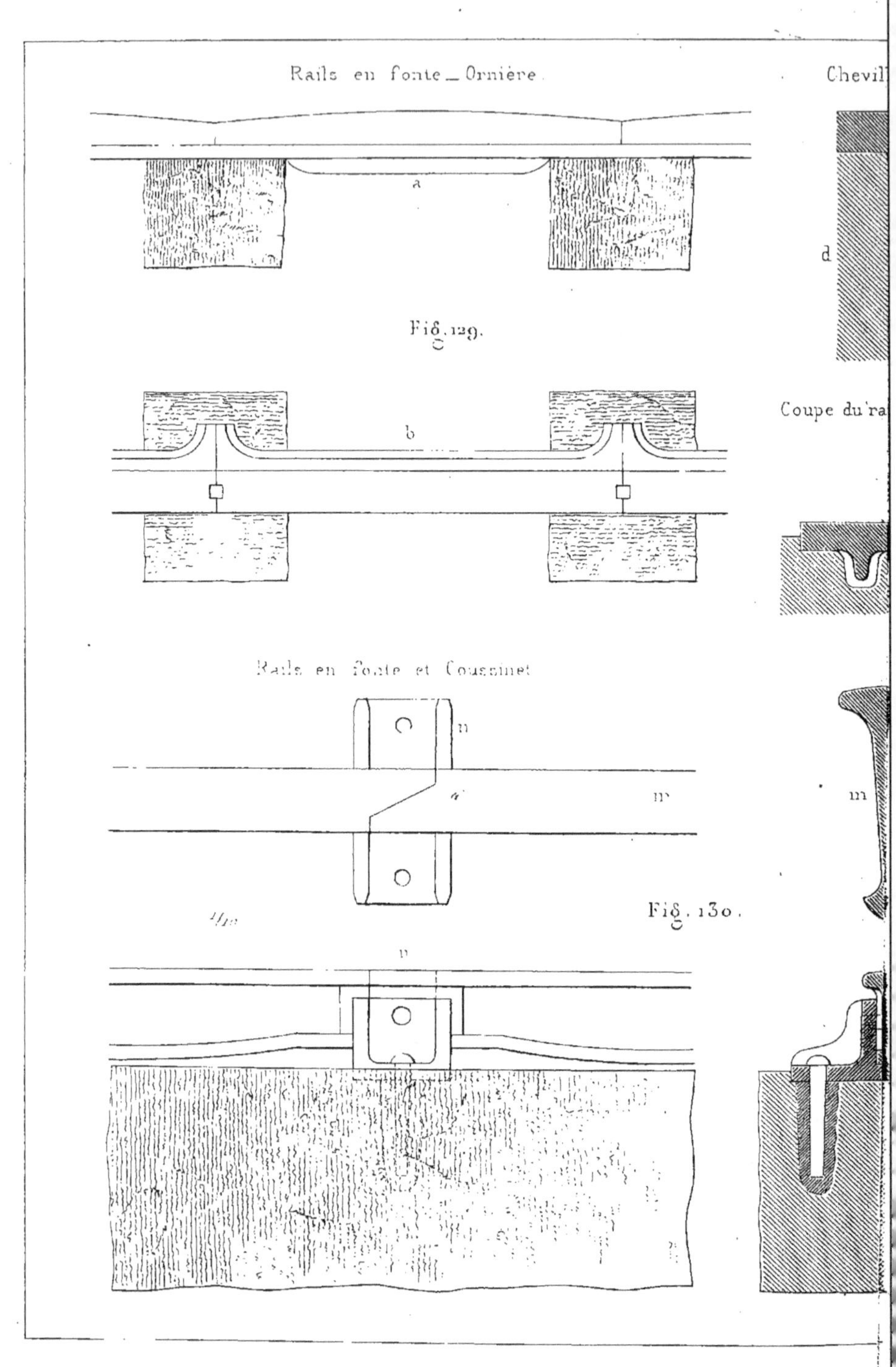

Rails en fonte _ Orniére.
Chevil
a
Fig. 129.
b
Coupe du ra
Rails en fonte et Coussinet
Fig. 130.
PREMIÈRES VOIES

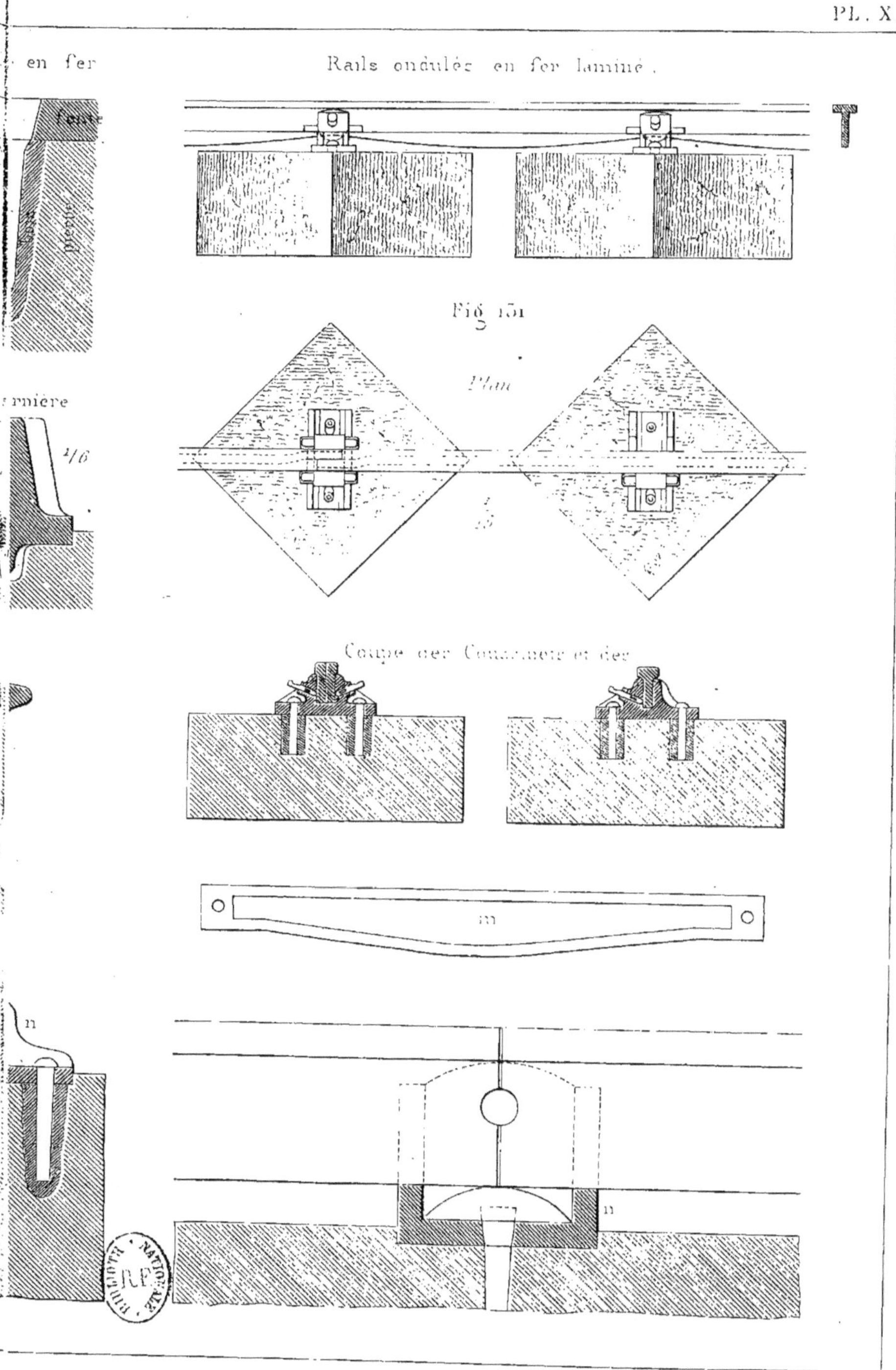

Imp. Ch. Chardon ainé, Paris.

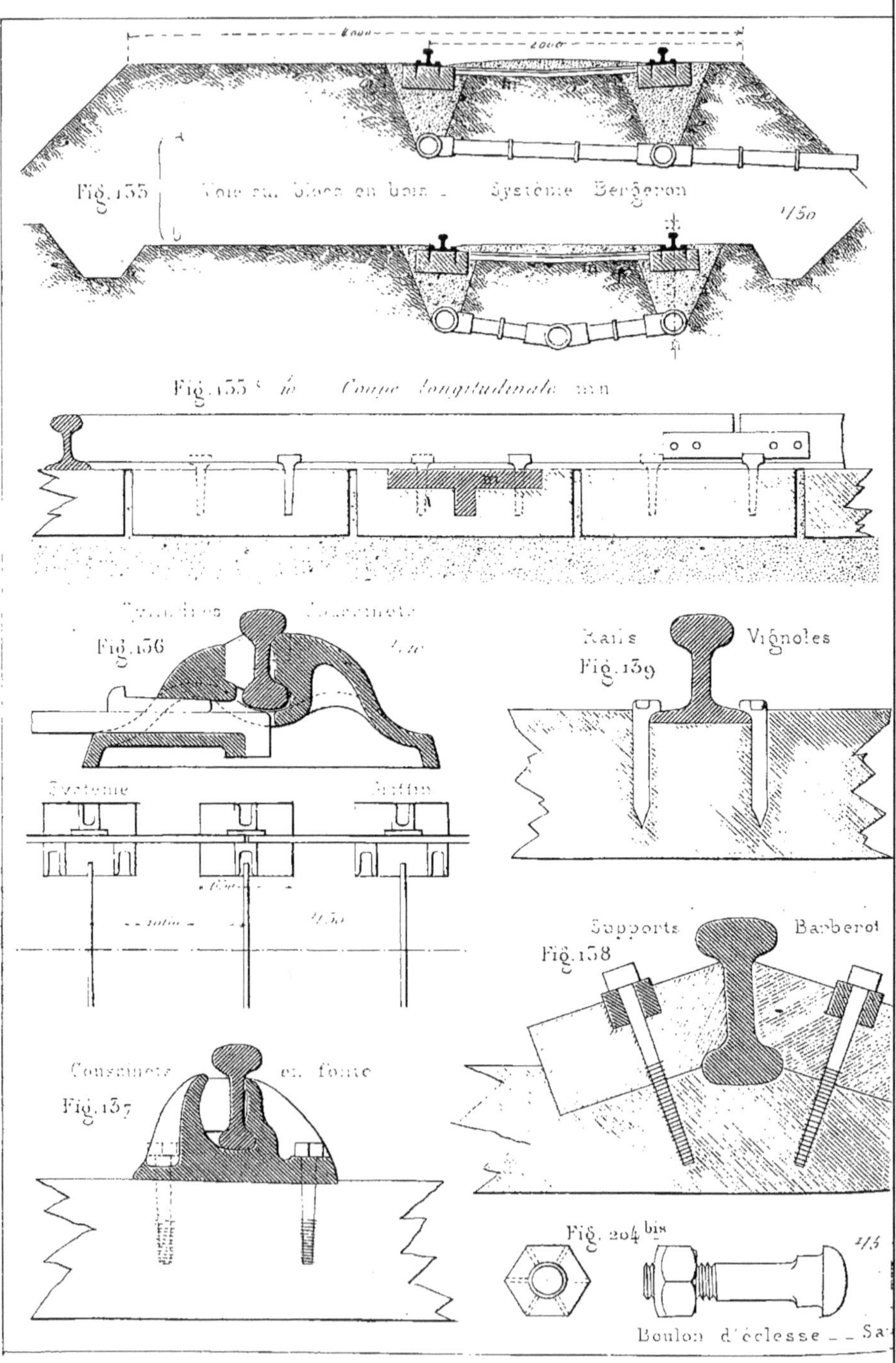

Fig. 135 — Voie sur blocs en bois — Système Bergeron
1/50
Fig. 135 bis — Coupe longitudinale m n
Coussinets
Fig. 136
Système Britton
Rails Vignoles
Fig. 139
Coussinets en fonte
Fig. 137
Supports Barberot
Fig. 158
Fig. 204 bis
1/5
Boulon d'éclisse — Sa
VOIE — SUP

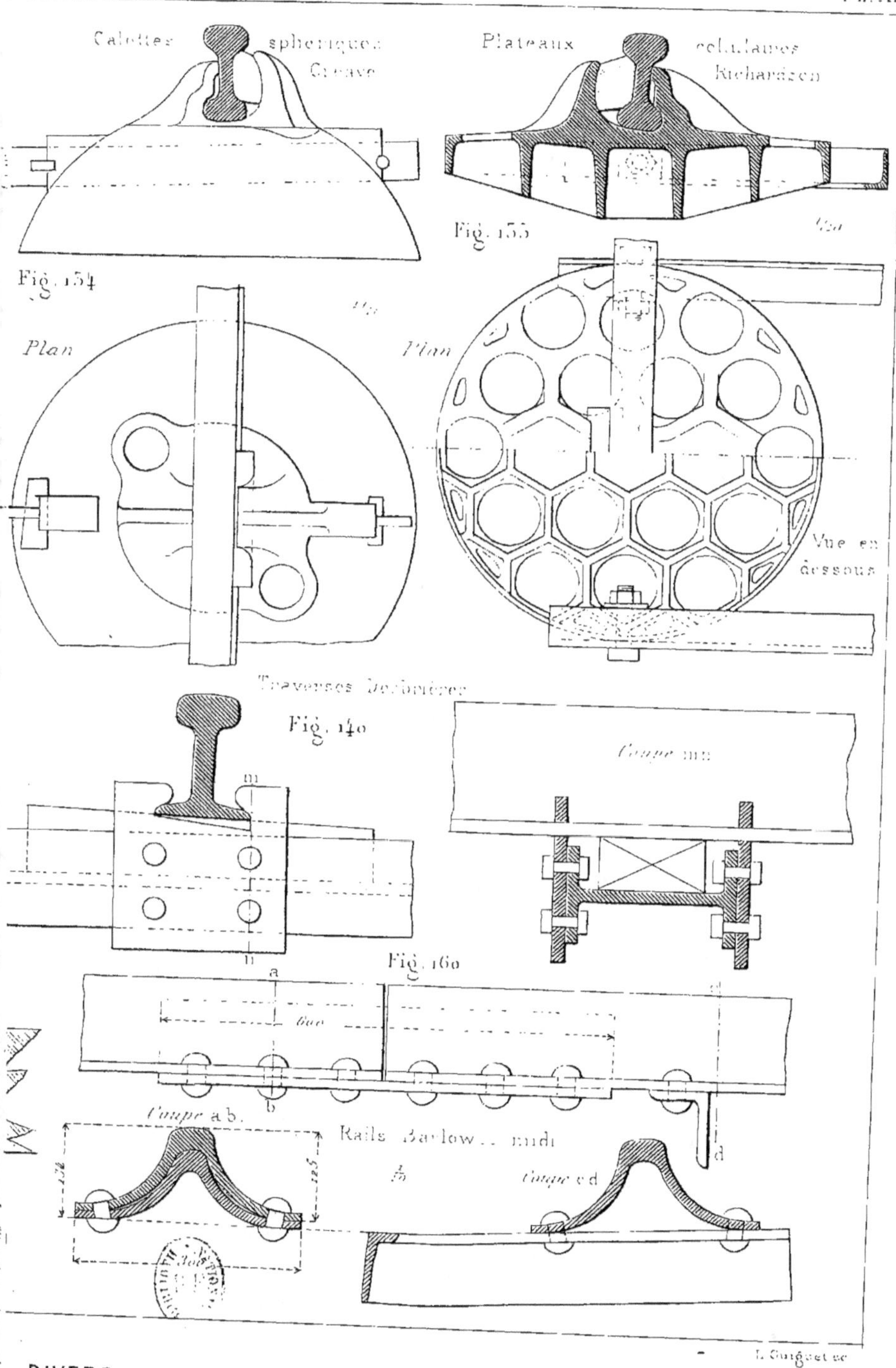

Calottes sphériques Greave
Plateaux cellulaires Richardson
Fig. 155
Fig. 154
Plan
Plan
Vue en dessous
Traverses Leclanché
Fig. 140
Coupe mn
Fig. 160
Coupe a b.
Rails Barlow... midi
Coupe c d
DIVERS.
L. Guiguet sc.
Imp. Ch. Chardon aîné, Paris.

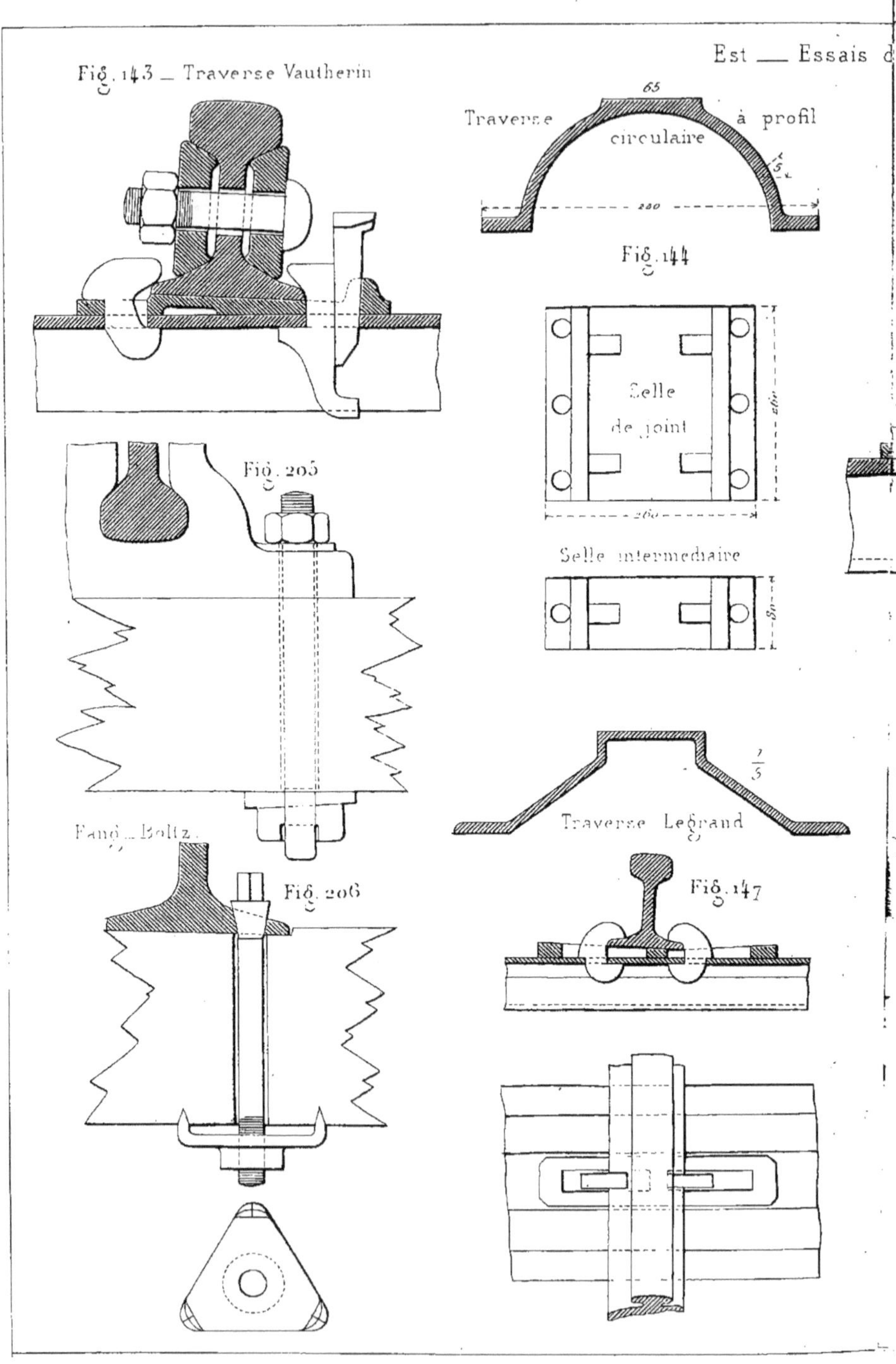
Fig. 143 — Traverse Vautherin
Traverse à profil circulaire
65
280
Fig. 144
Selle de joint
Selle intermédiaire
Fig. 205
Fang. Boltz.
Fig. 206
Traverse Legrand
Fig. 147

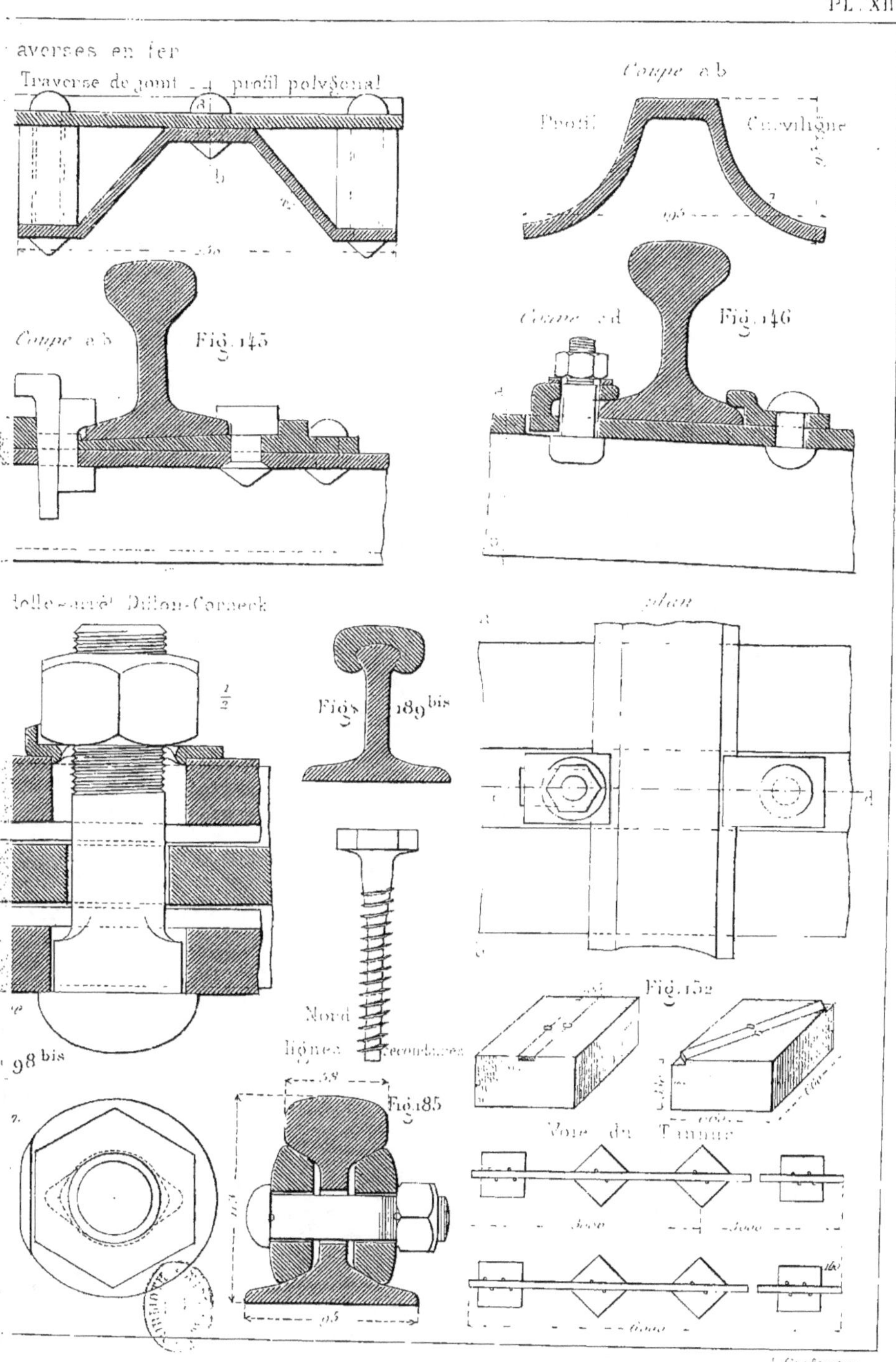
averses en fer
Traverse de joint _ profil polygonal
Coupe a b
Profil
Curviligne
Coupe a b
Fig. 145
Coupe c d
Fig. 146
Tolle-carré Dillon-Corneck
Fig. 189 bis
plan
98 bis
Nord
lignes secondaires
Fig. 152
Fig. 185
Voie du Tamise
OTS METALLIQUES .
L. Guiguet sc

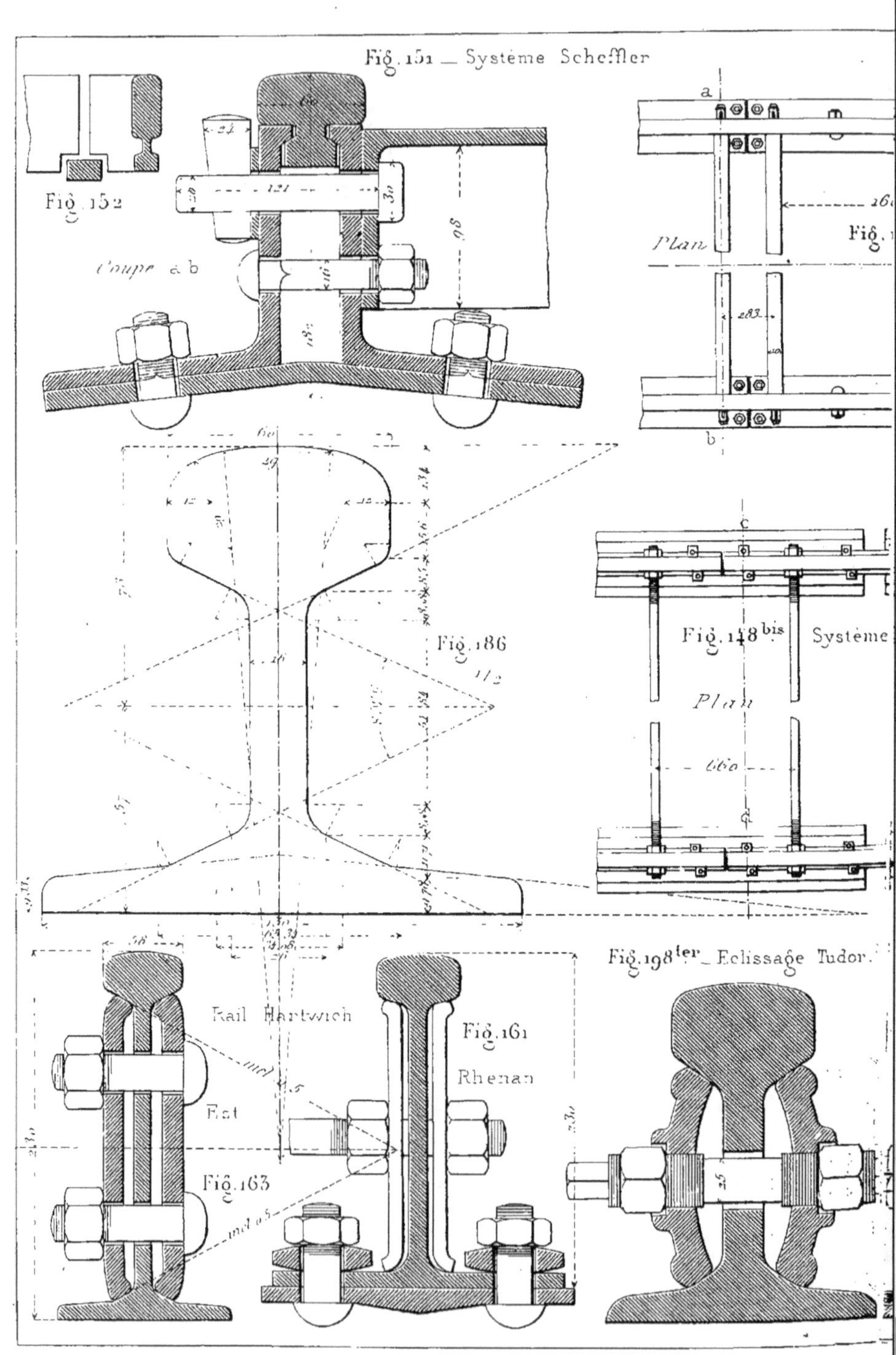

Fig. 151 _ Système Scheffler
Fig. 152
Coupe a b
Plan
a
b
Fig.
Fig. 186
Fig. 148 bis   Système
Plan
Fig. 198 ter _ Eclissage Tudor.
Rail Hartwich
Est
Fig. 161
Rhenan
Fig. 163
VOIE _ SYS
J. Baudry _ Editeur

Fig. 148
Coupe cd.
Système Hilf
56
67
330
Fig. 186 bis
120
68
Fig. 198 a
37
18
700
Fig. 186 ter
Paris
Méditerranée
62 _ Rail Hartwich
n _ Minden.
Fig. 164 _ Est
a
b
118
700

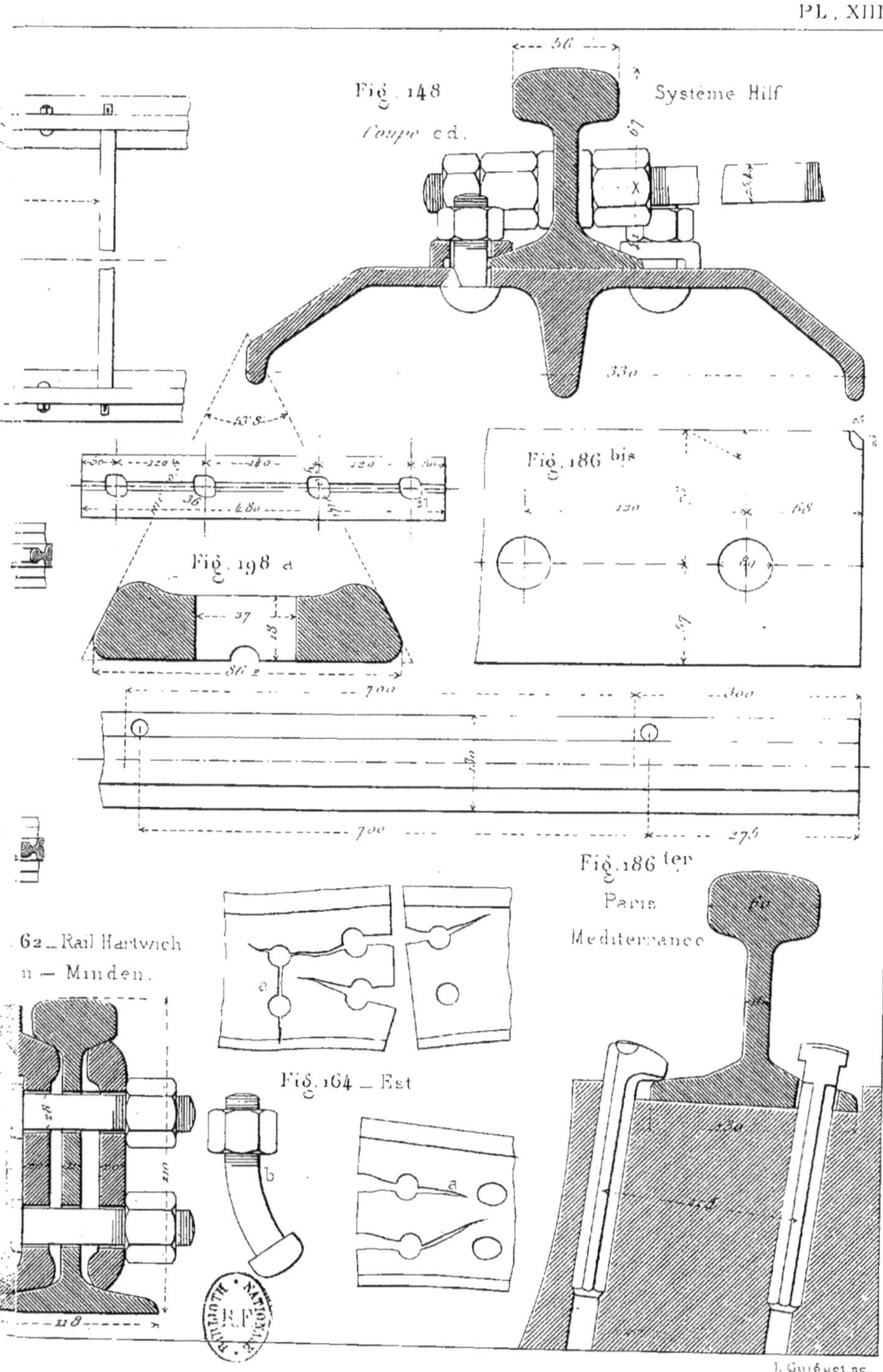

S DIVERS.

PL. XIV.

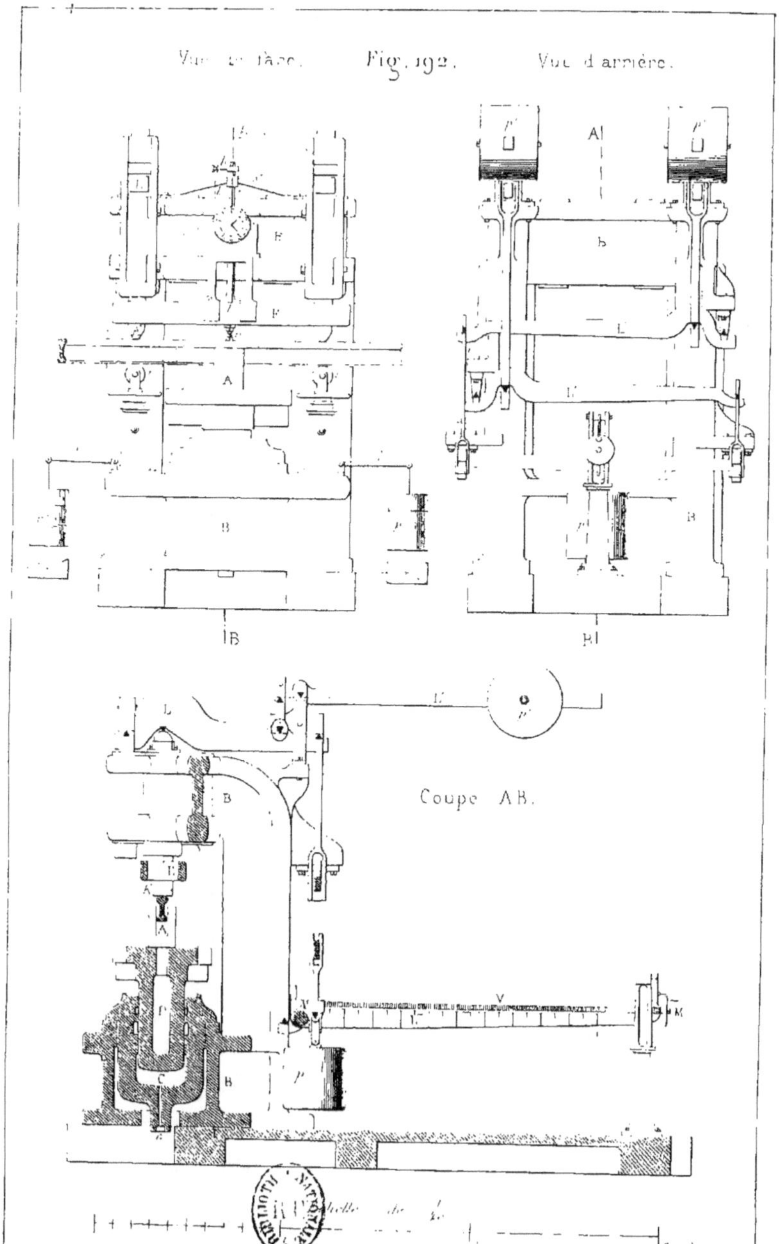

H. FrecLon del.

Lemaitre Graveur de l'Empereur sc.

PRESSE HYDRAULIQUE. _ ÉPREUVES DES RAILS

Noblot et Baudry. Editeurs.

Lamoureux impr Paris.

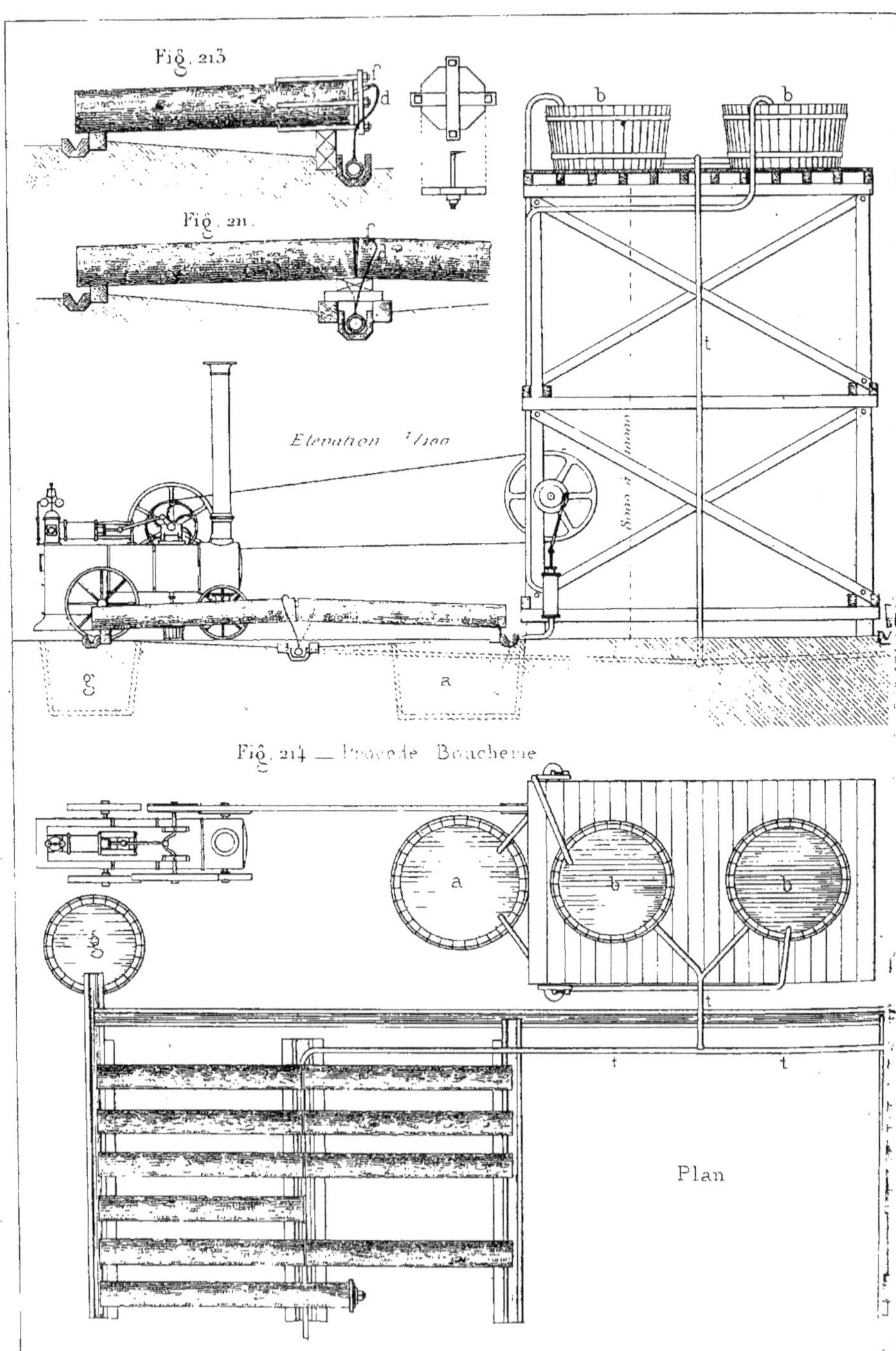

Fig. 213
f
d
Fig. 211
f
b
b
t
Elevation 1/100
g
a
Fig. 214 — Procédé Boucherie
a
b
b
Plan
INJECTI
J. Baudry — Editeur

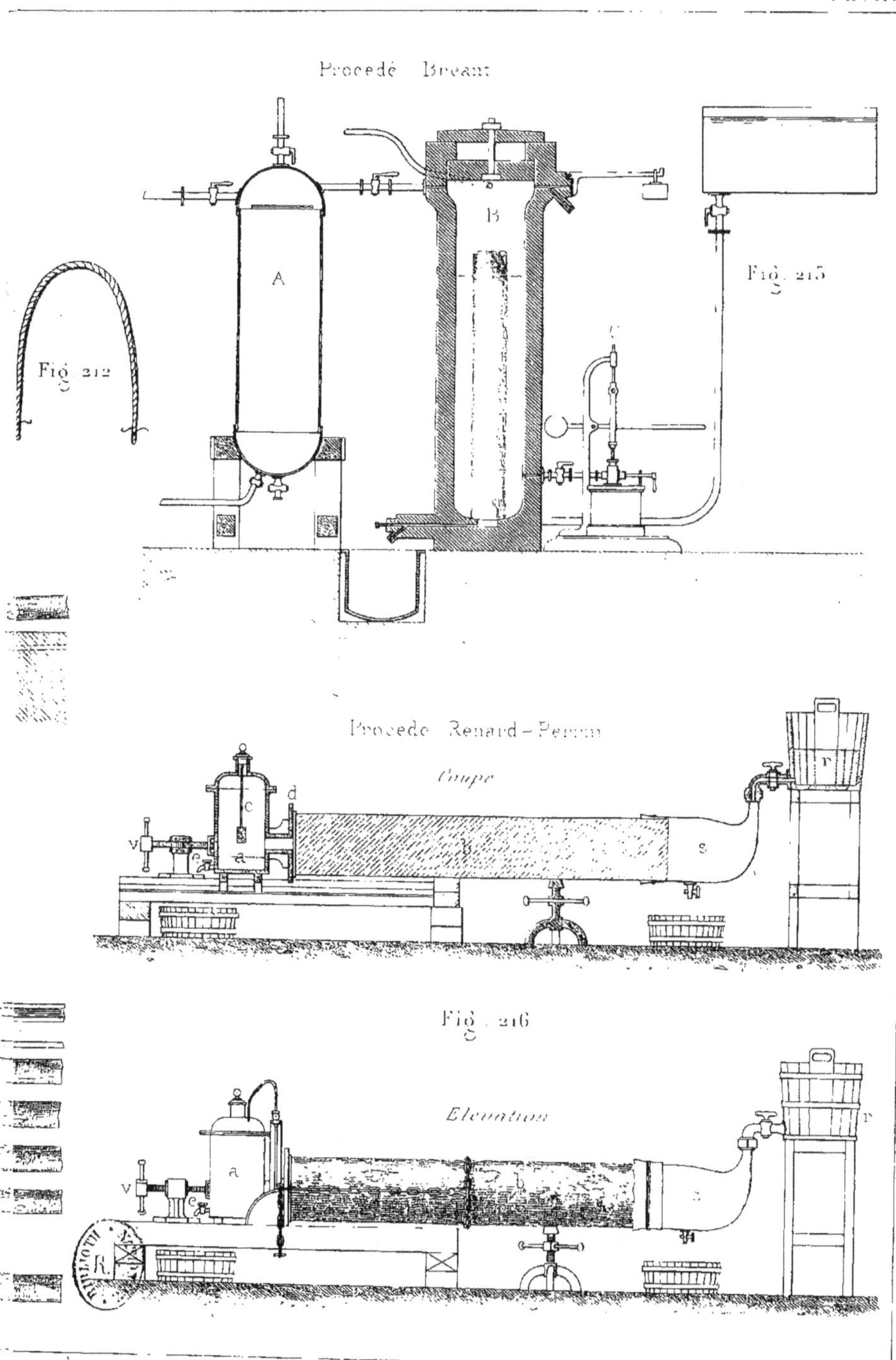

Procédé Bréant
Fig. 212
A
B
Fig. 215
Procédé Renard-Perrin
Coupe
d
c
v
e
a
r
s
Fig. 216
Élévation
a
v
e
r
R
ES BOIS.
L. Guiguet sc.
Imp. Ch. Chardon aîné, Paris.

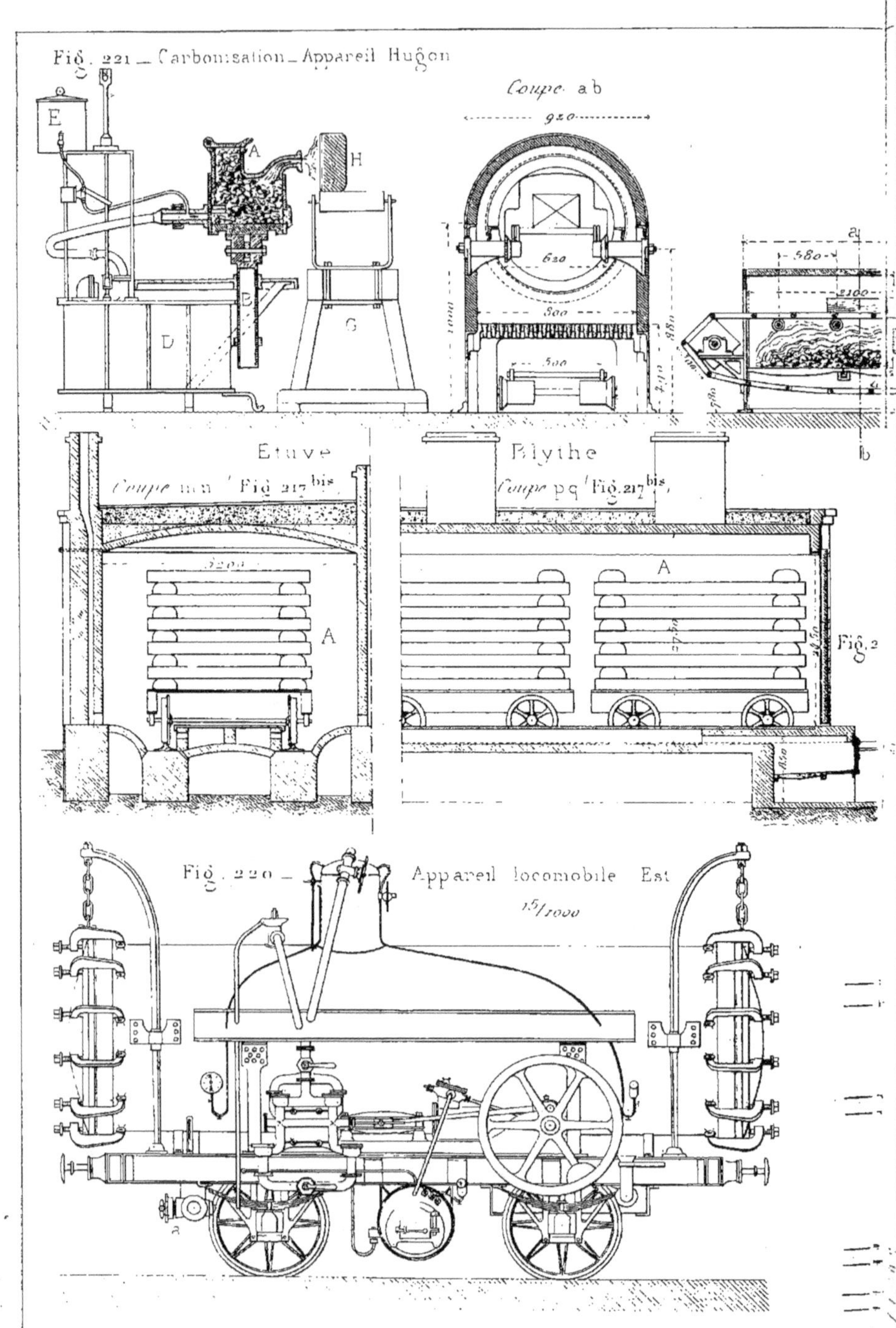

Fig. 221 _ Carbonisation _ Appareil Hugon
Coupe ab
920
E
A
H
620
800
1000
500
580
2100
Etuve
Coupe mn Fig. 217 bis
A
Blythe
Coupe pq Fig. 217 bis
A
Fig. 2
Fig. 220 _ Appareil locomobile Est
15/1000

Fig. 222 _ Carbonisation _ Appareil Ravaze.
10000
1720
2100
1250
Fig. 219 _ Cylindre à injection _ Nord.
Atelier d'étuvage
B
et d'injection
m
Fig. 217 bis
A
17250
12250
P
A
q
n
Atelier d'injection _ Est.
B
Fig. 217
C
2300
2300

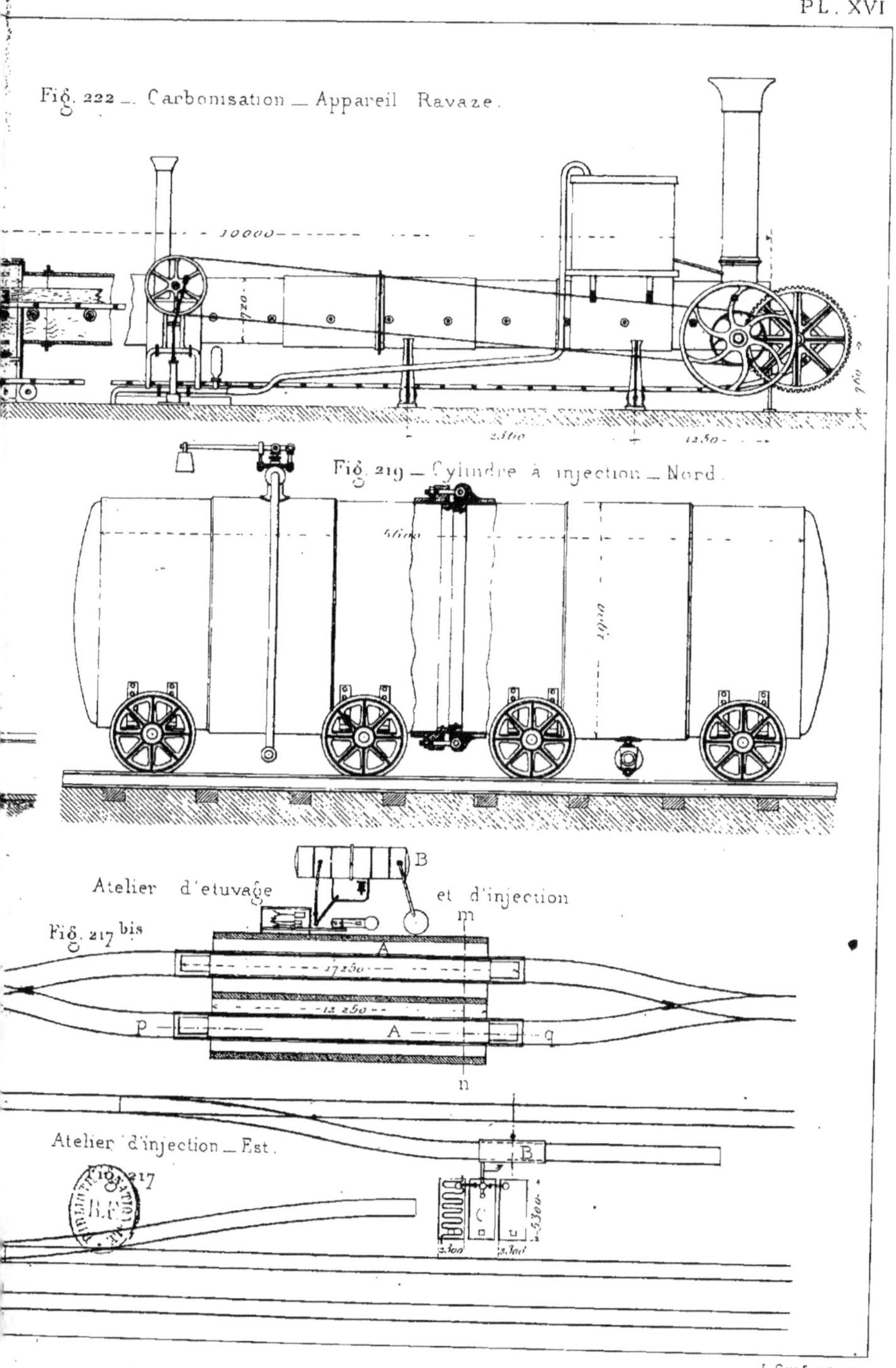

DES BOIS.

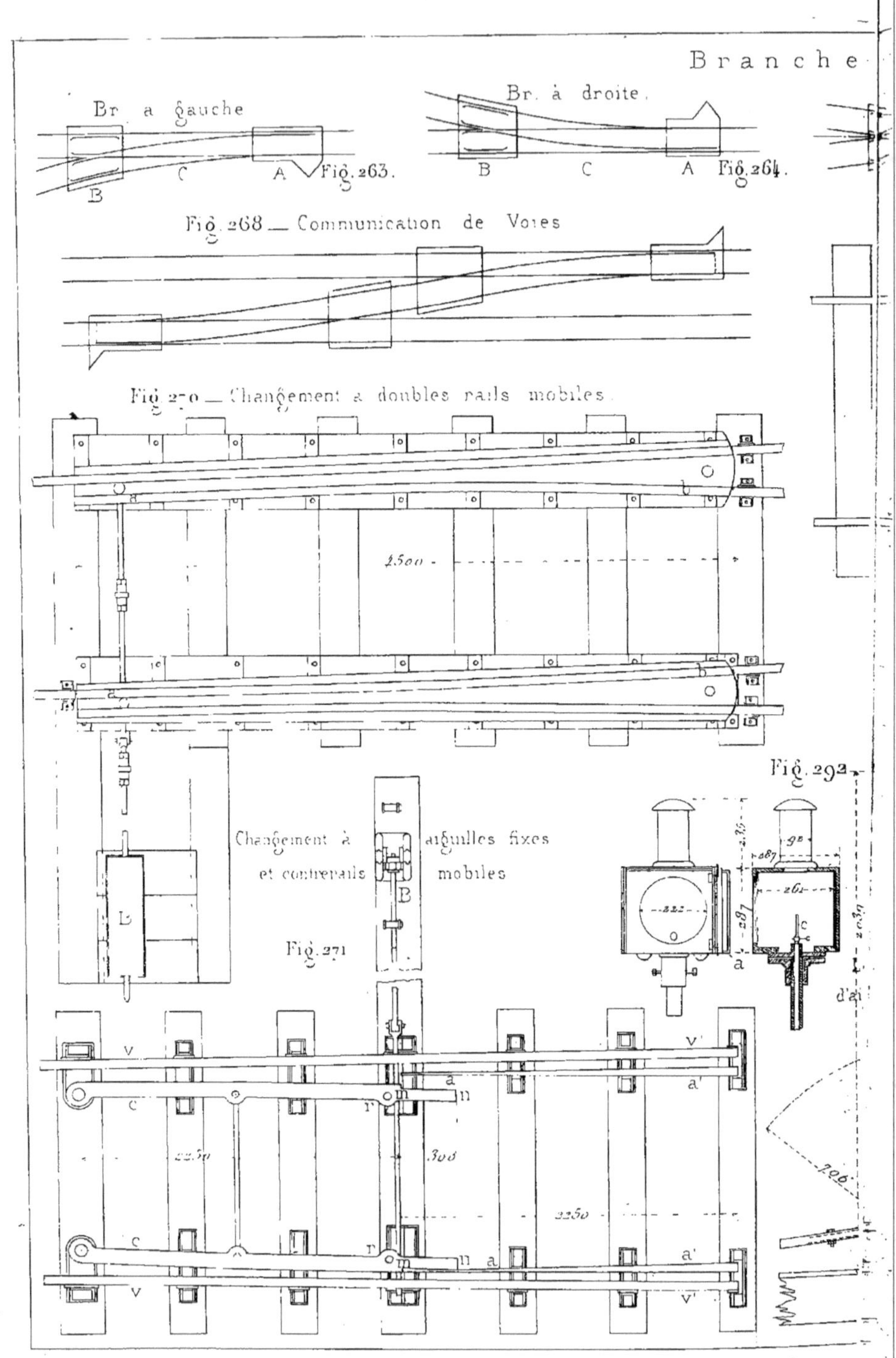

BRANCHEMENTS — CHANGE

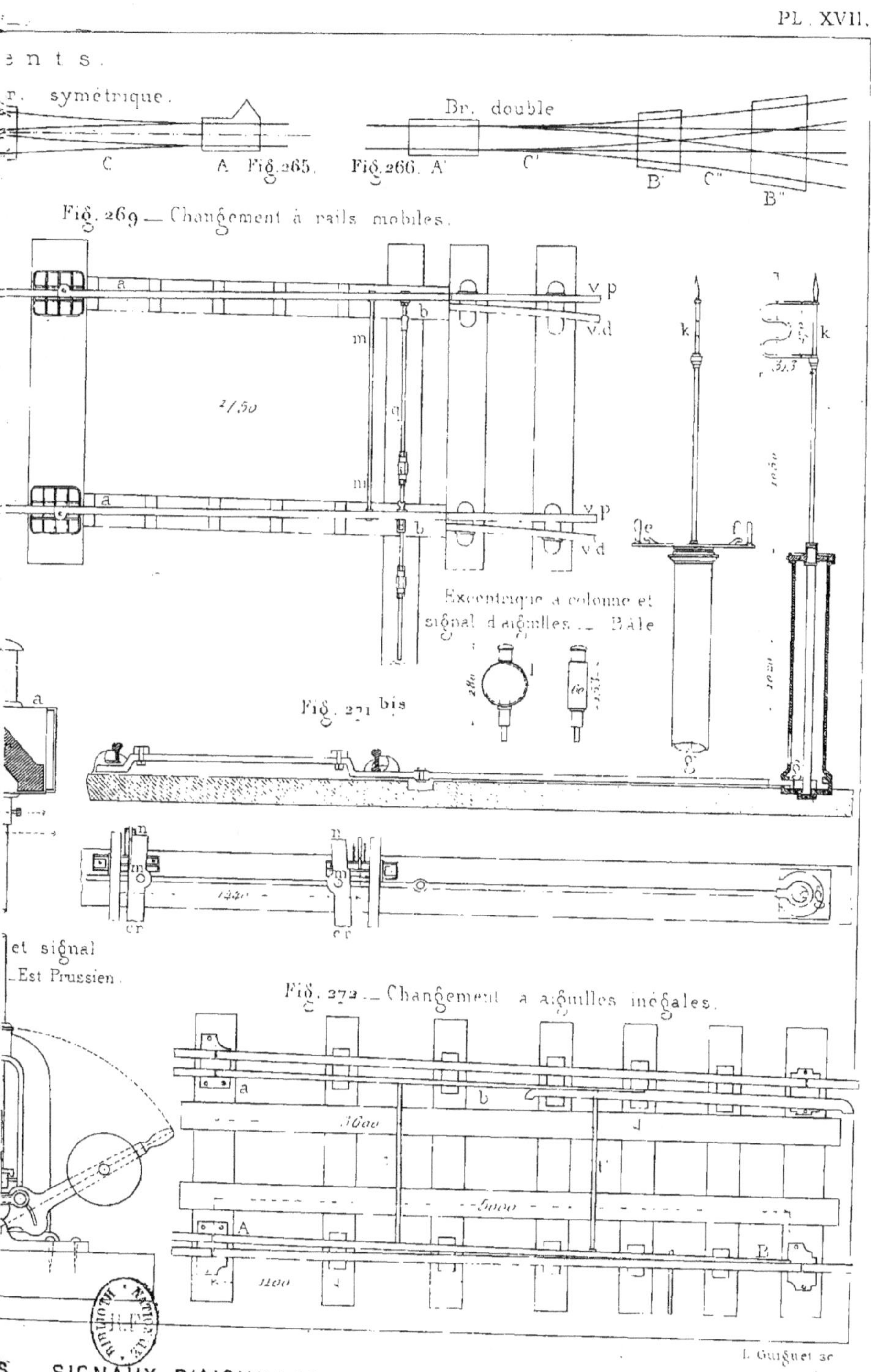

S — SIGNAUX D'AIGUILLES.

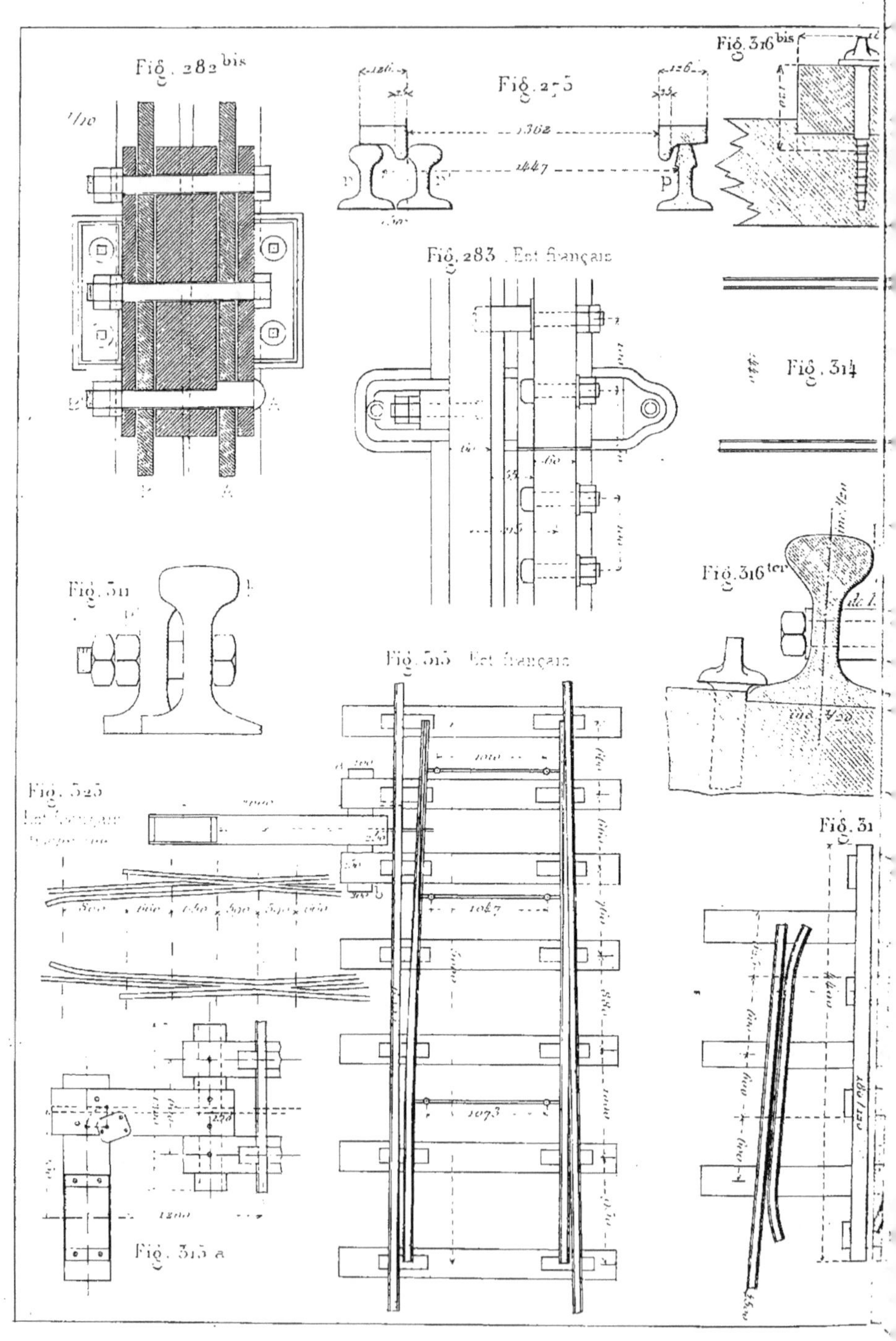

Fig. 282 bis
Fig. 275
Fig. 316 bis
Fig. 283 . Est français
Fig. 314
Fig. 311
Fig. 316 ter
Fig. 315 . Est français
Fig. 325
Est français
Fig. 315 a
Fig. 31

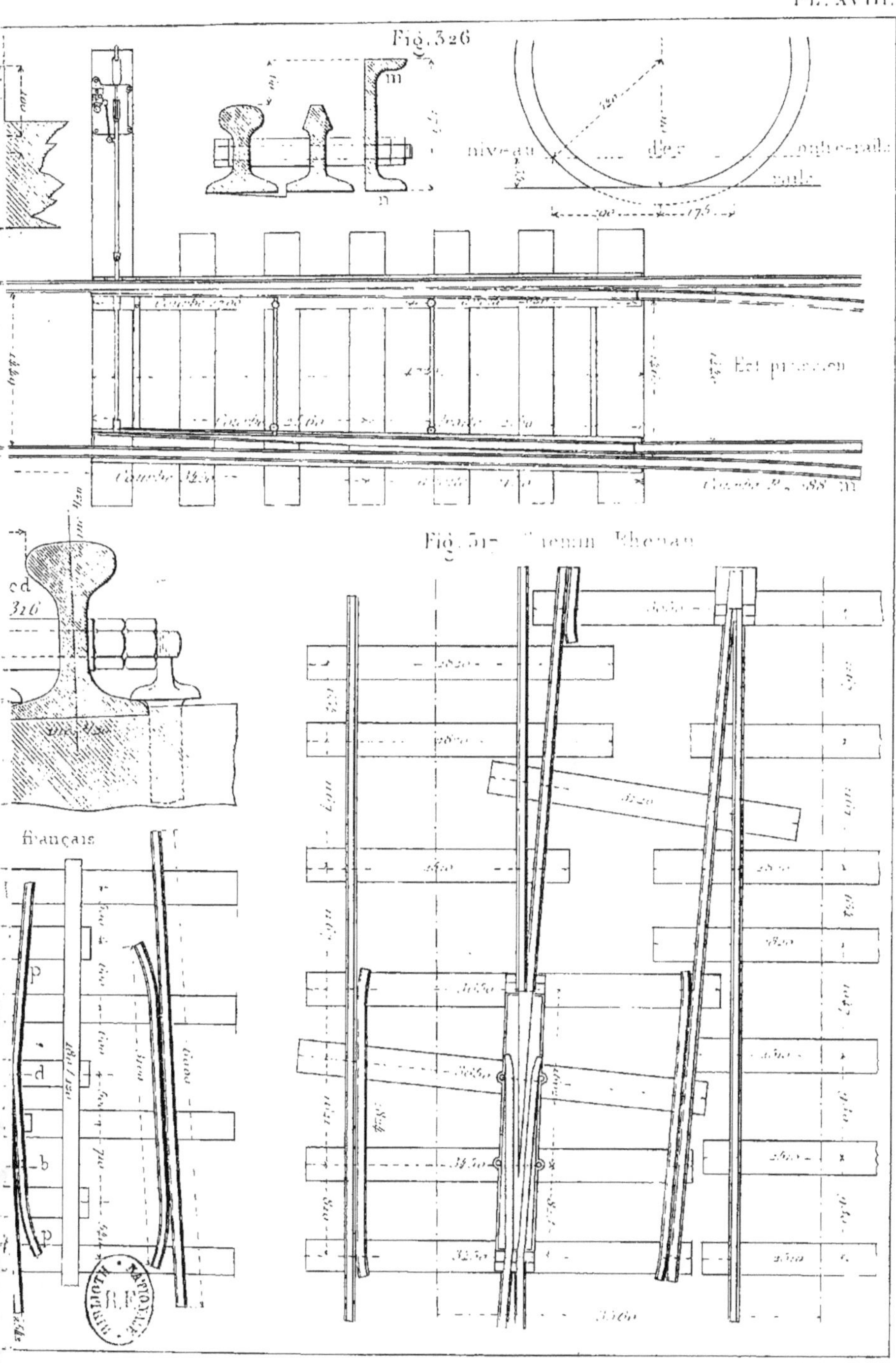

L. Guéguet sc.

Imp. Ca. Chardon ainé, Paris.

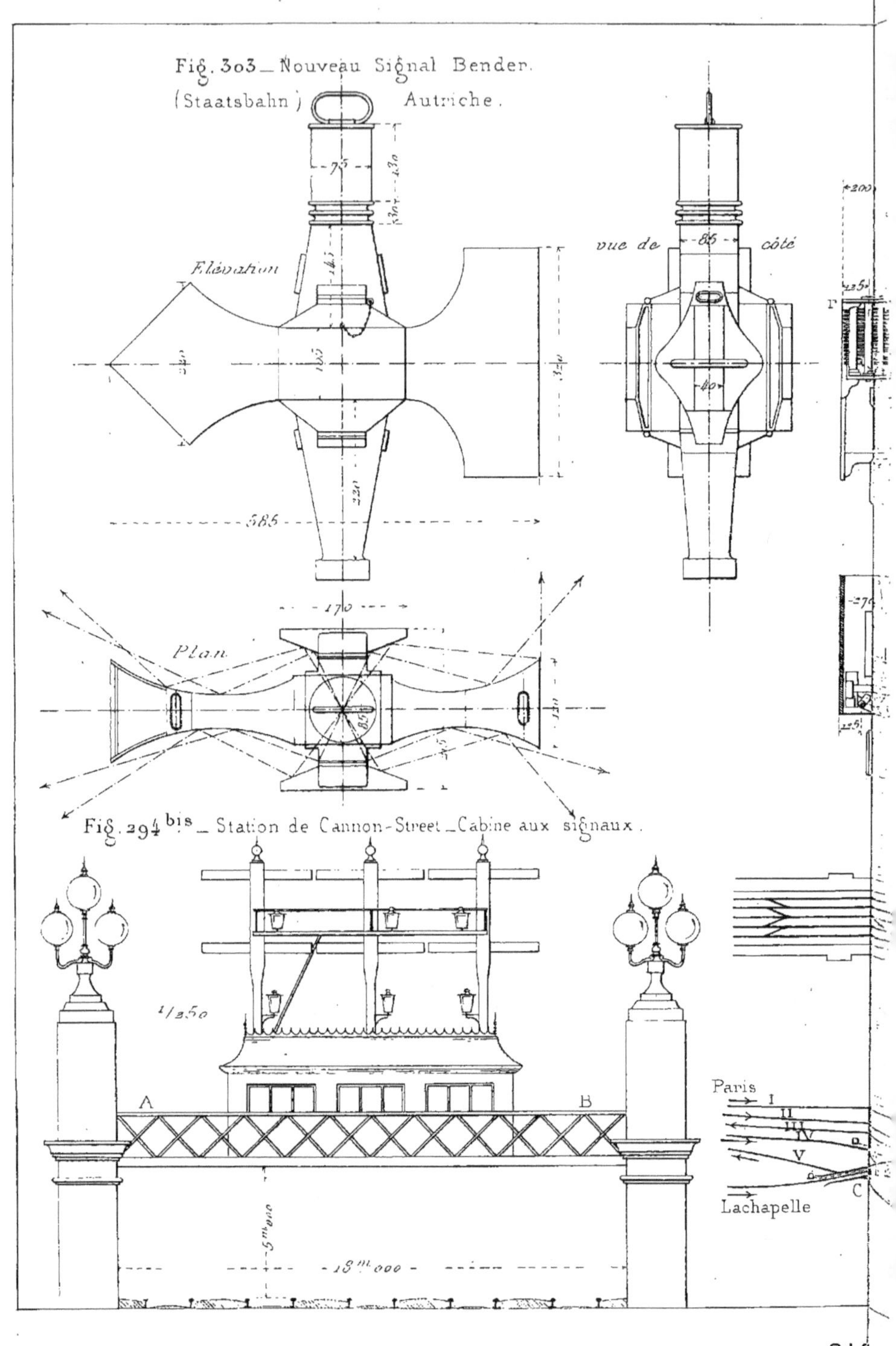

J. Baudry _ Éditeur.

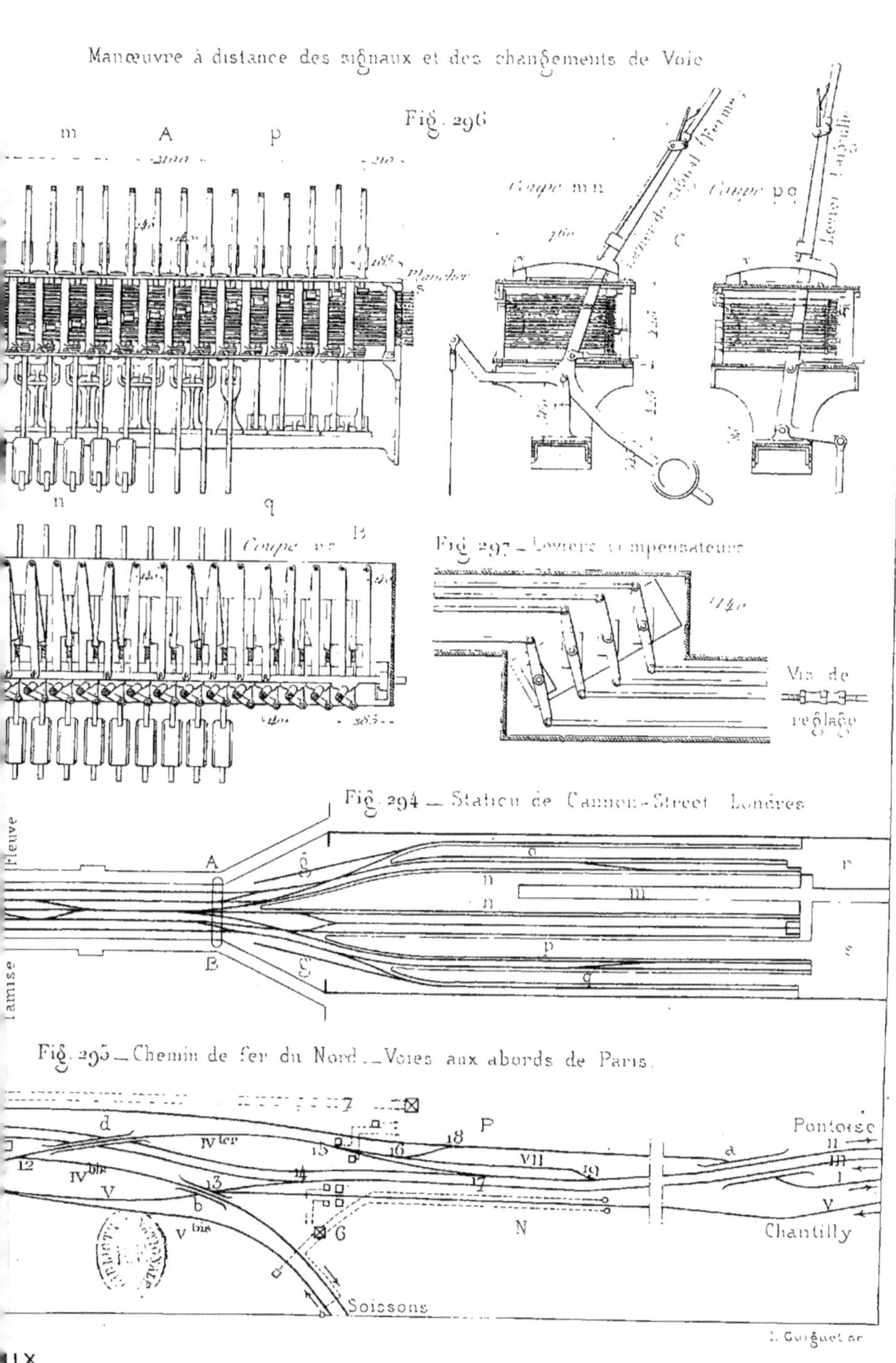

Manœuvre à distance des signaux et des changements de Voie
Fig. 296
m   A   p
Coupe m n
Coupe p q
C
Plancher
n   q
Coupe r s   B
Fig. 297 — Leviers compensateurs
Vis de réglage
Fig. 294 — Station de Cannon-Street   Londres
Fleuve
Tamise
A
B
Fig. 295 — Chemin de fer du Nord — Voies aux abords de Paris.
d
Pontoise
12
IV ter
IV bis
V
V bis
G
N
Soissons
Chantilly
L. Guiguet sc.

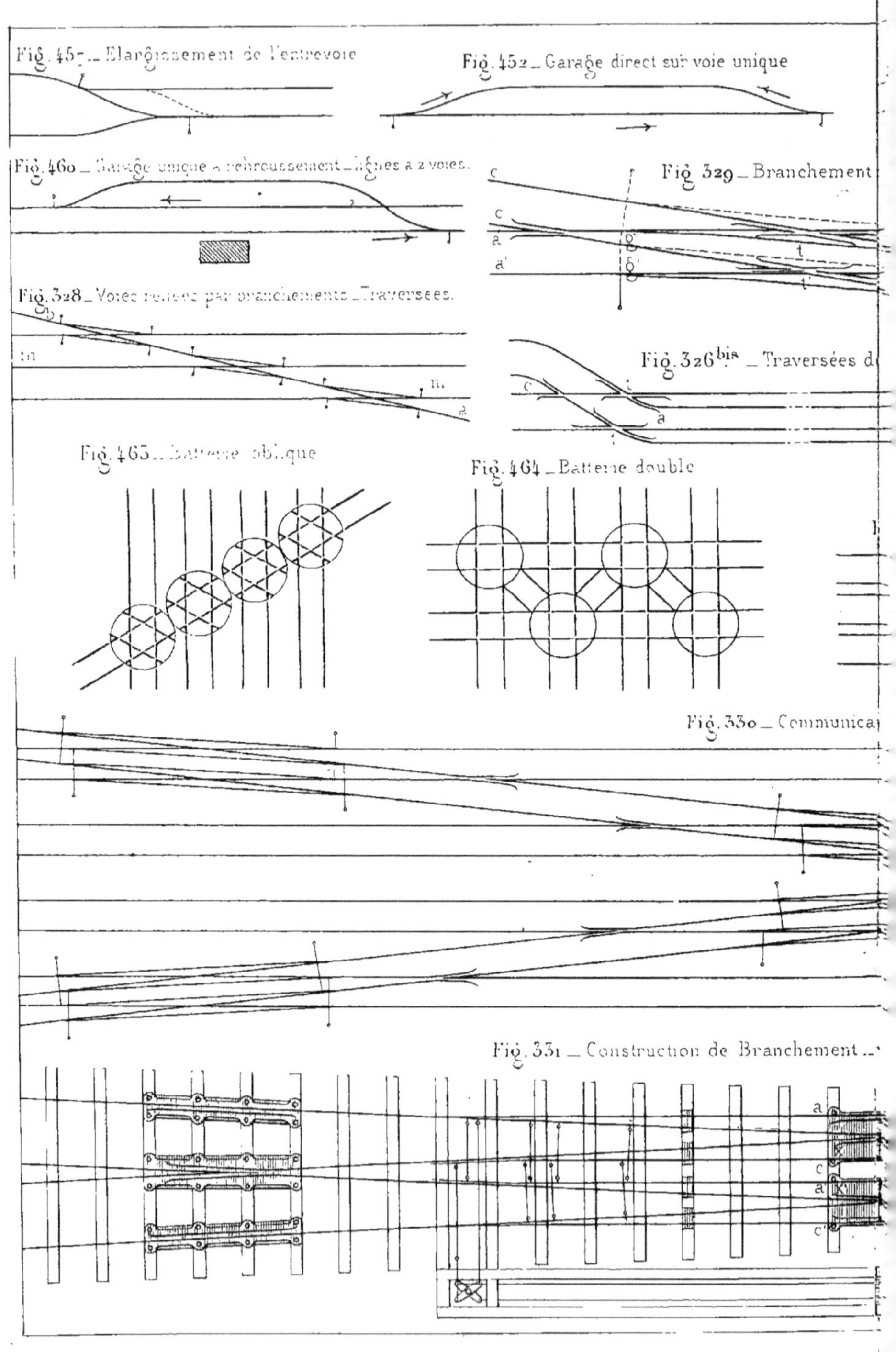

Fig. 45.. _ Élargissement de l'entrevoie

Fig. 452 _ Garage direct sur voie unique

Fig. 460 _ Garage unique à rebroussement _ Lignes à 2 voies.

Fig. 329 _ Branchement

Fig. 328 _ Voies reliées par branchements _ Traversées.

Fig. 326bis _ Traversées d

Fig. 465 _ Batterie oblique

Fig. 464 _ Batterie double

Fig. 330 _ Communica

Fig. 331 _ Construction de Branchement ..

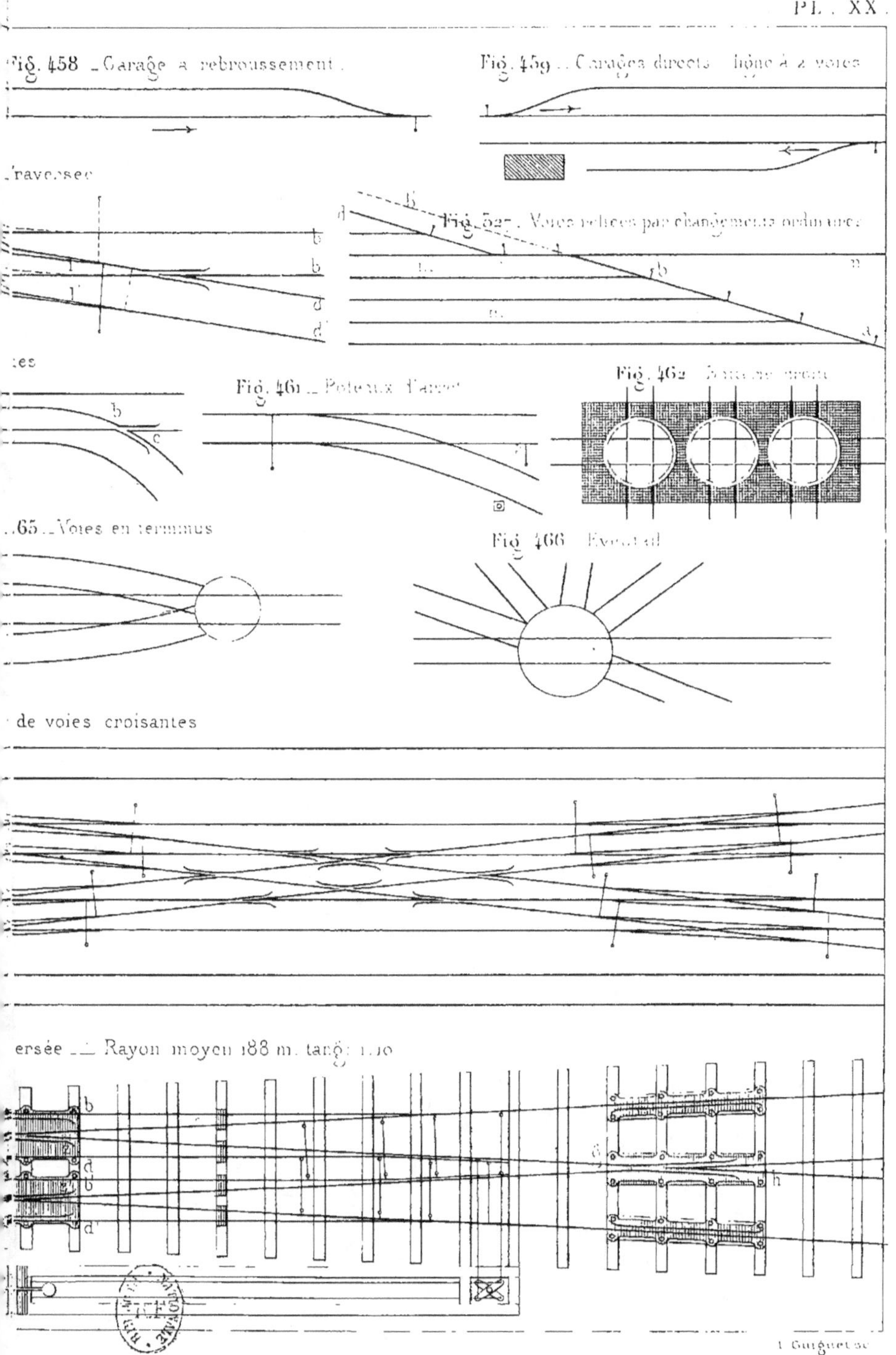

PPAREILS DE LA VOIE.

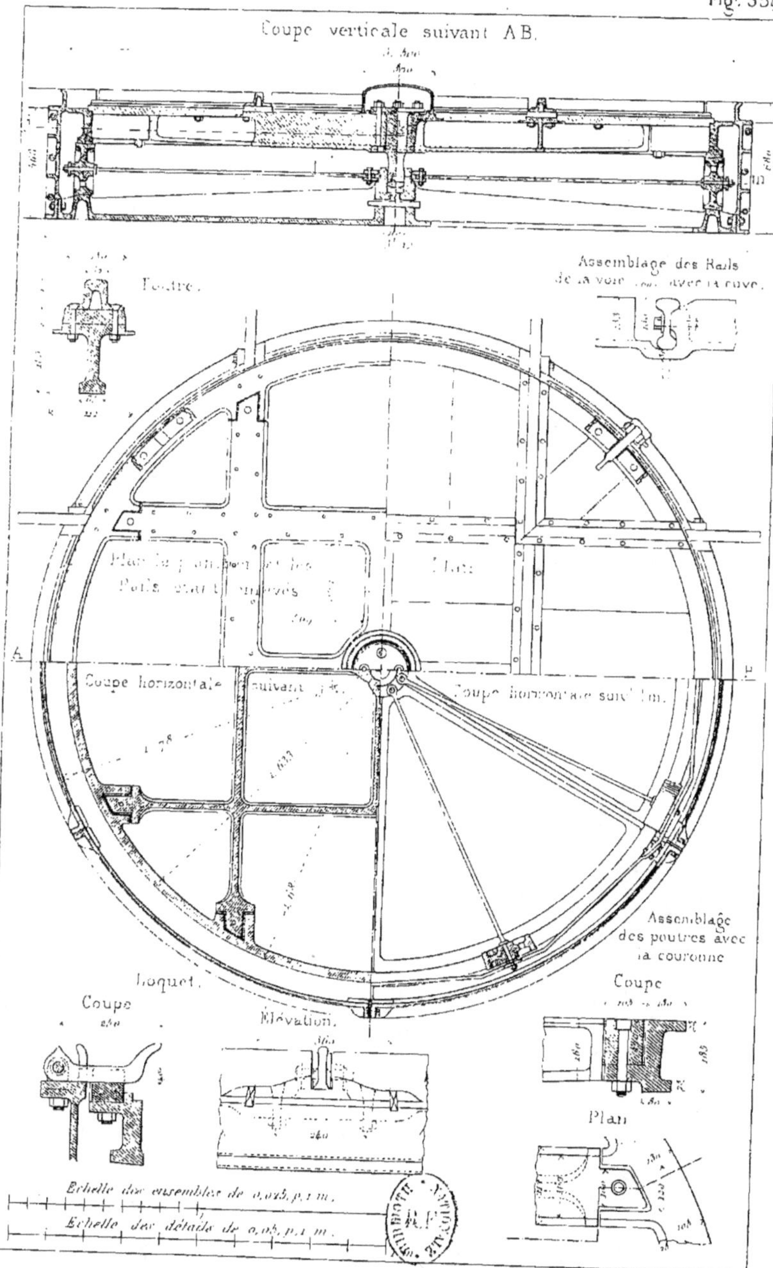

PLAQUE TOURNANTE EN FONTE DE 3ᵐ 50. (EST.)

Noblet et Baudry, Éditeurs.

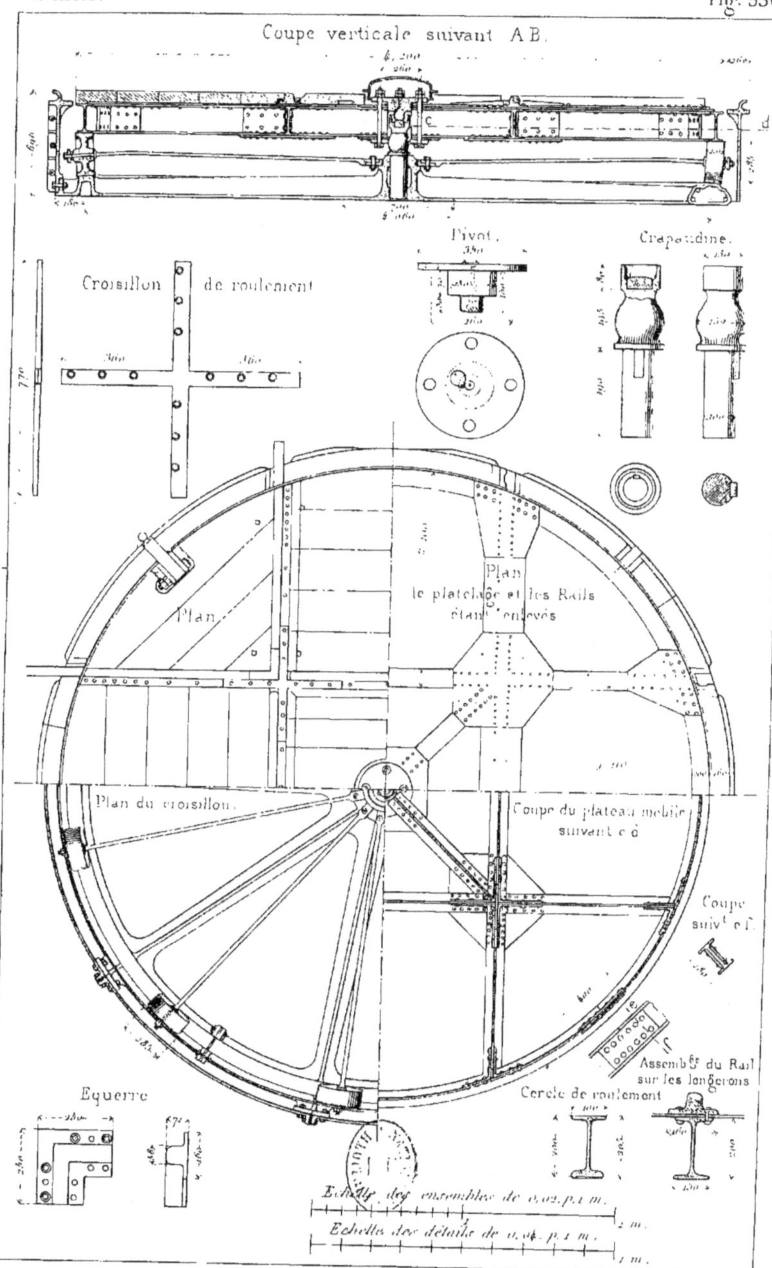

PLAQUE TOURNANTE DE 4.m 20. (MIDI.)

PLATEAU MOBILE EN FER ET EN TÔLE

Noblet et Baudry Editeurs

Fig. 339.

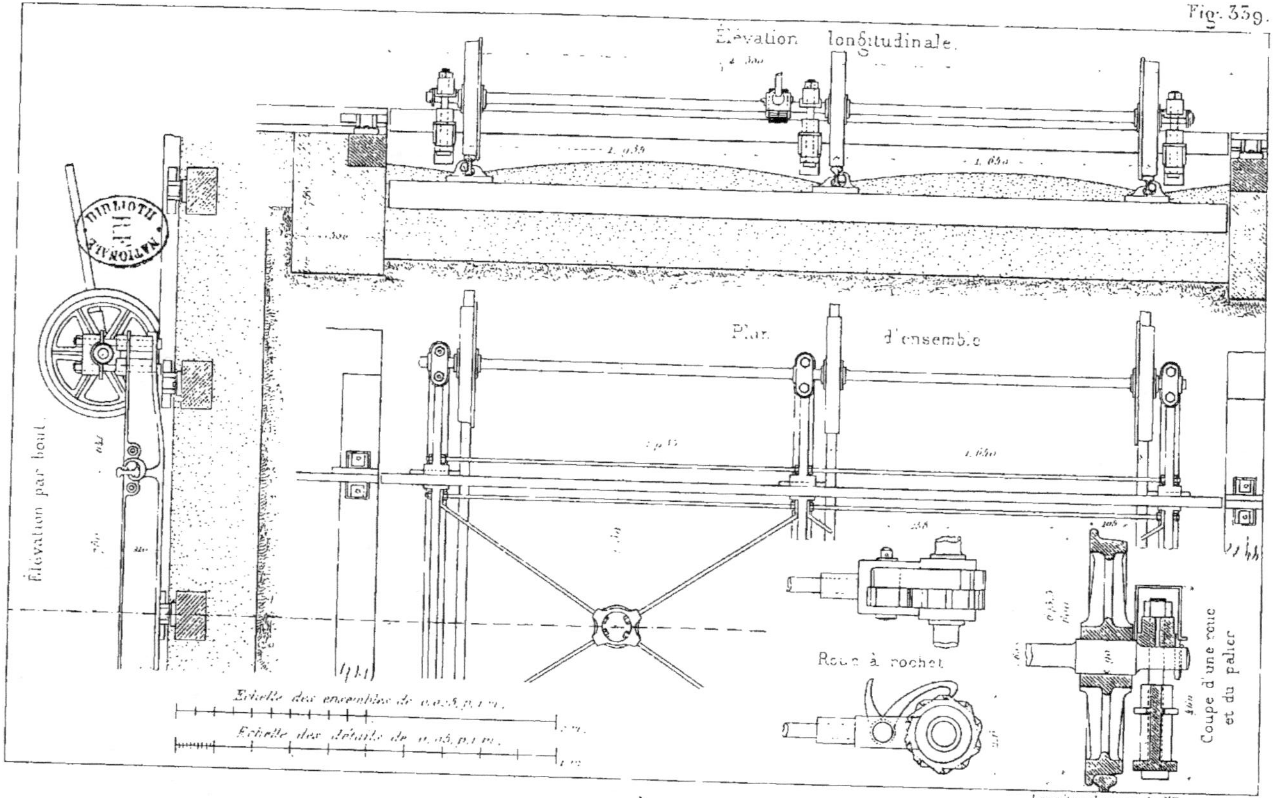

Lemaître Graveur de l'Empereur sc.

CHARIOT À FOSSE.

(EST)

Nobiet et Baudry Éditeurs.

Fig. 344.

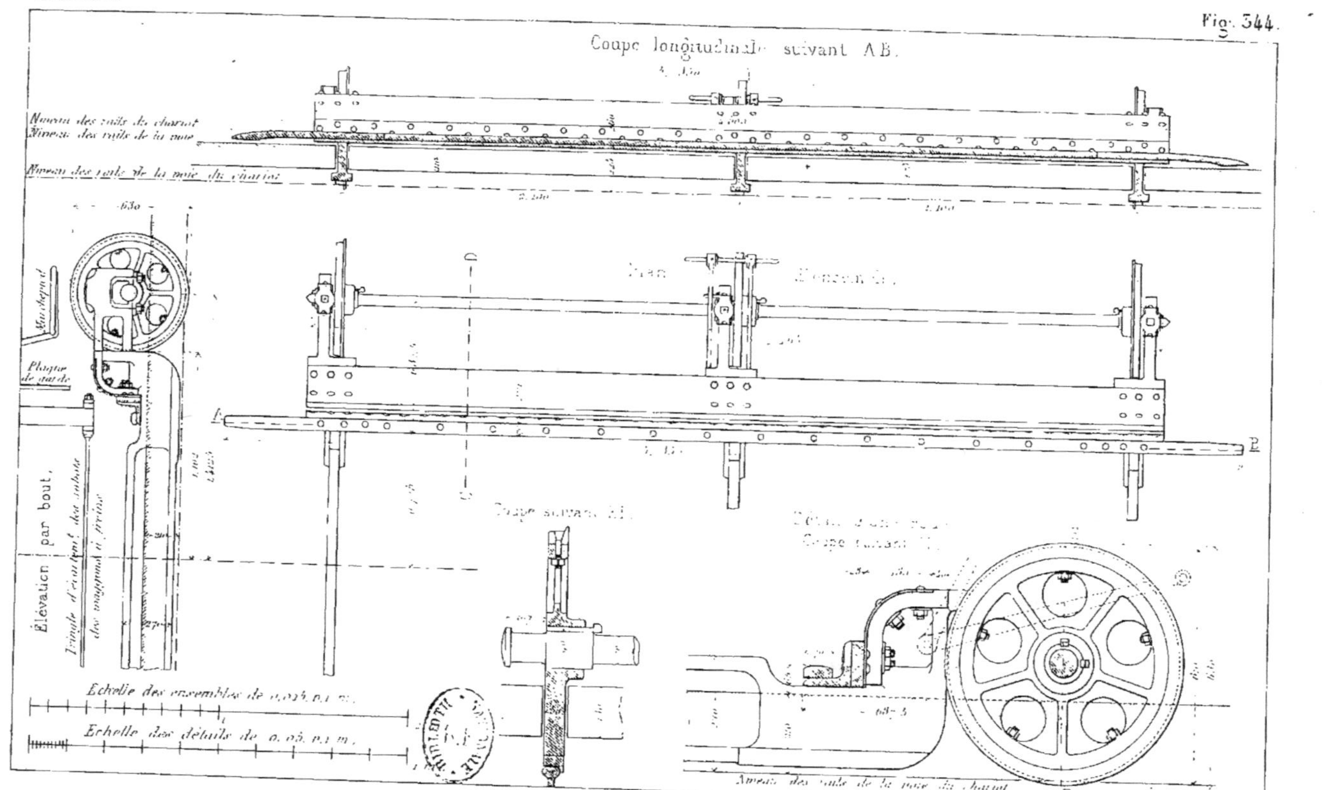

CHARIOT SANS FOSSE AVEC ROUES EXTÉRIEURES.
(CHEMINS DE FER DE L'OUEST)

Noblet et Baudry Éditeurs.

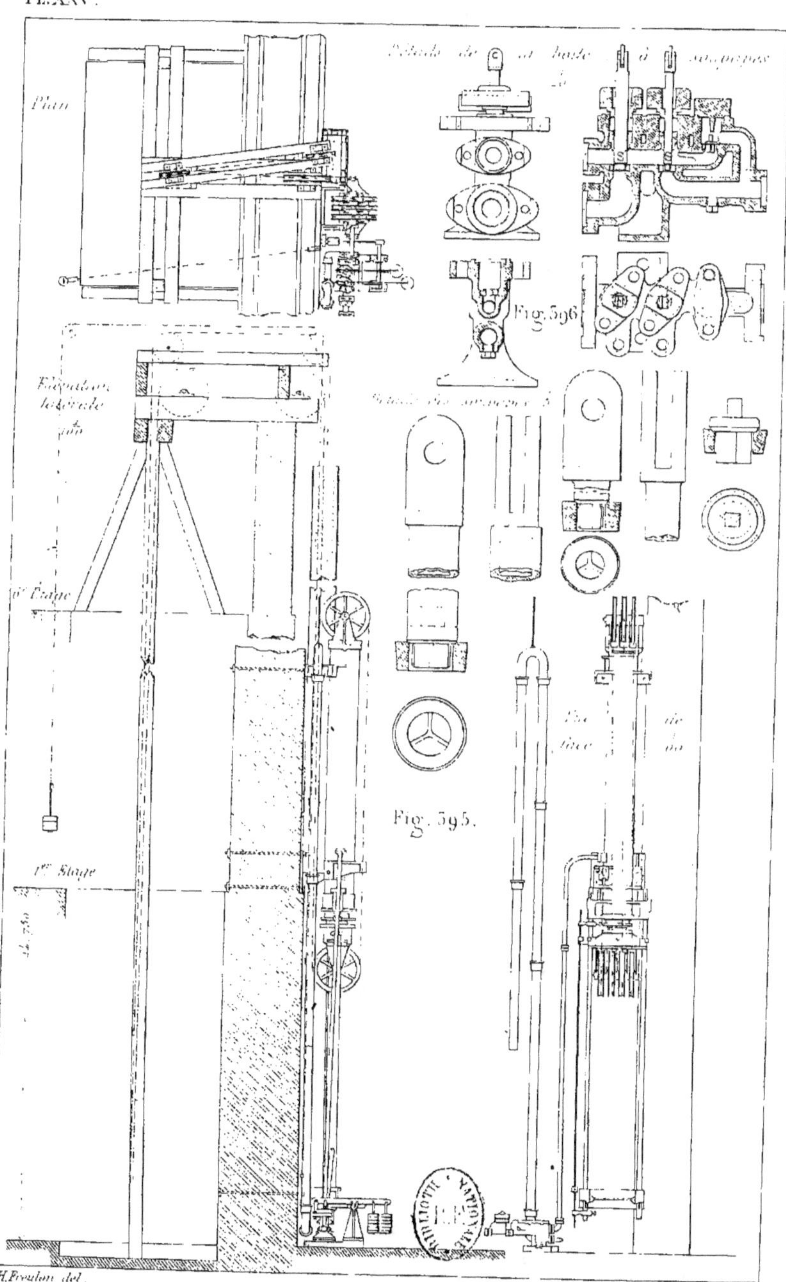

Plan
Fig. 596
Fig. 595
1er Étage
ÉLÉVATEUR D'UNE TONNE ET DEMIE
H. Froulon del.
Lemaitre graveur de l'Empereur sc.

Fig. 397.

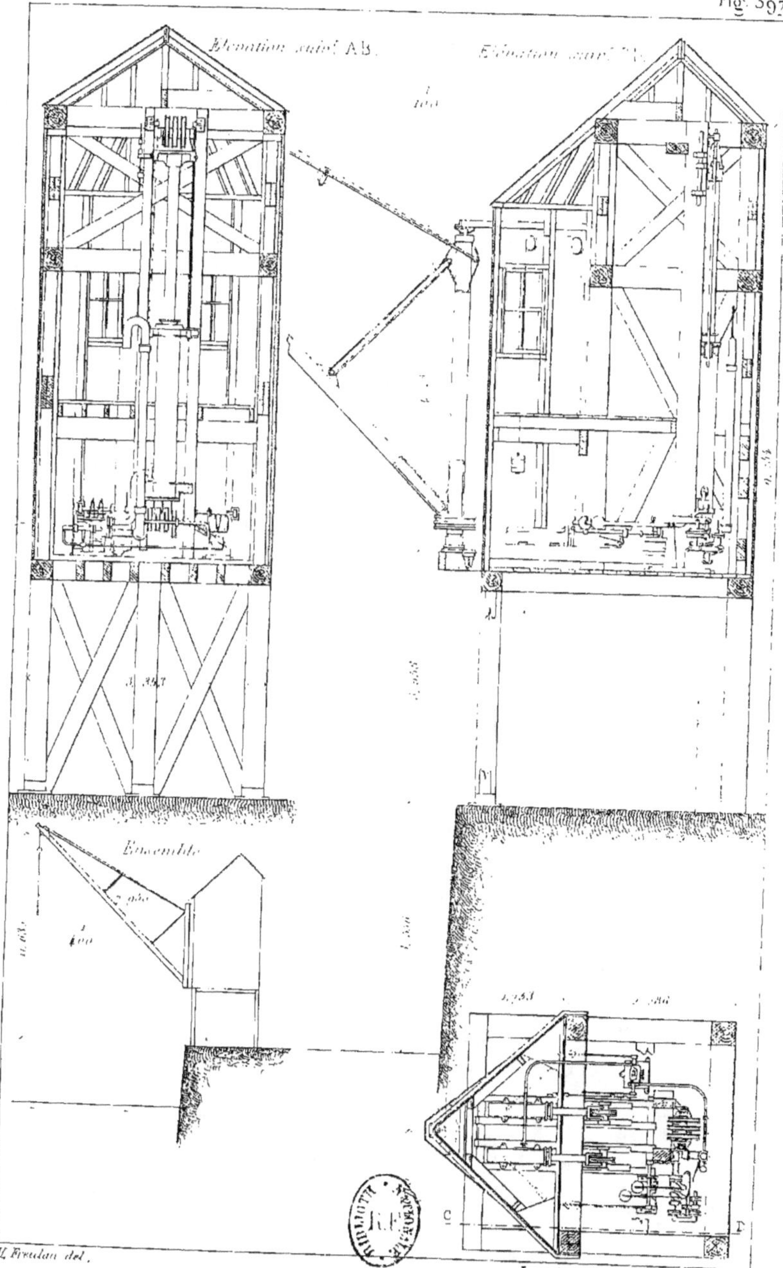

GRUE DE QUAI D'UNE TONNE

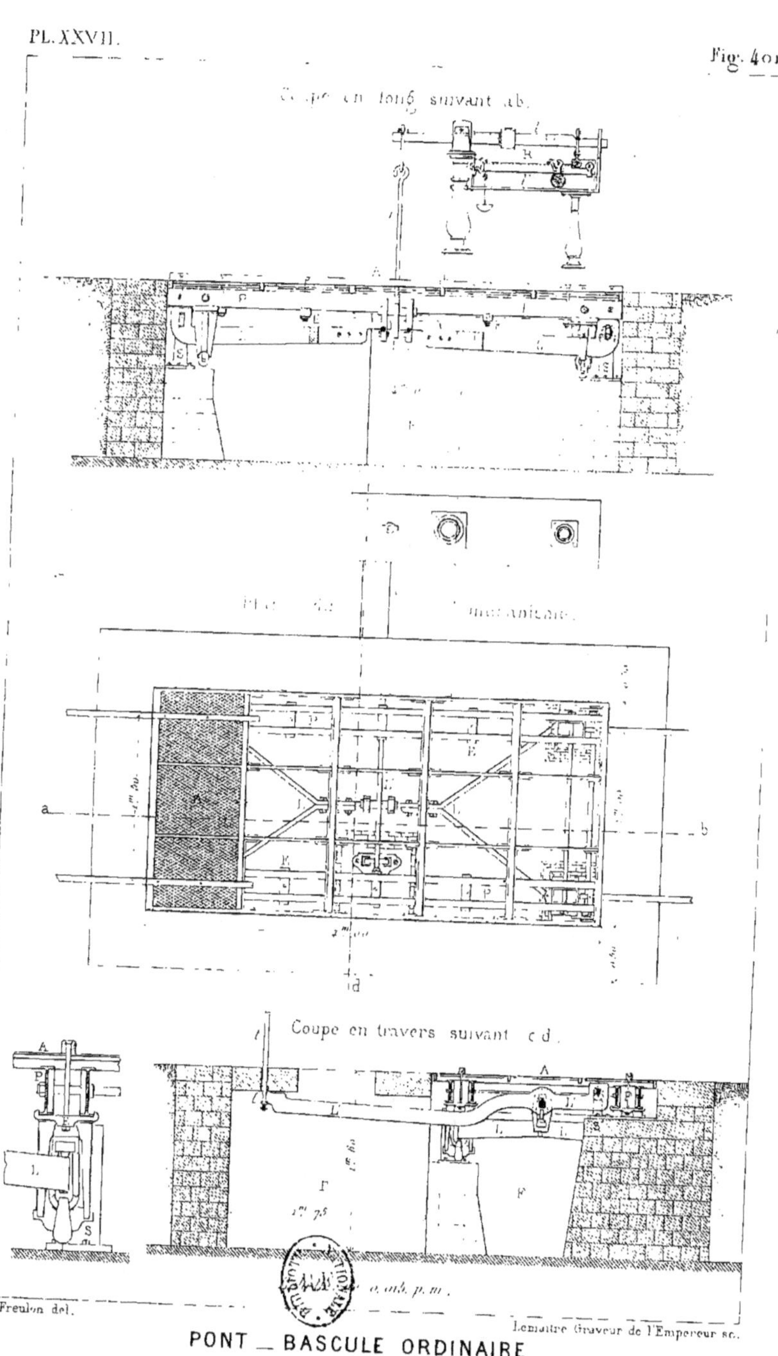

PONT — BASCULE ORDINAIRE
À TABLIER MÉTALLIQUE.

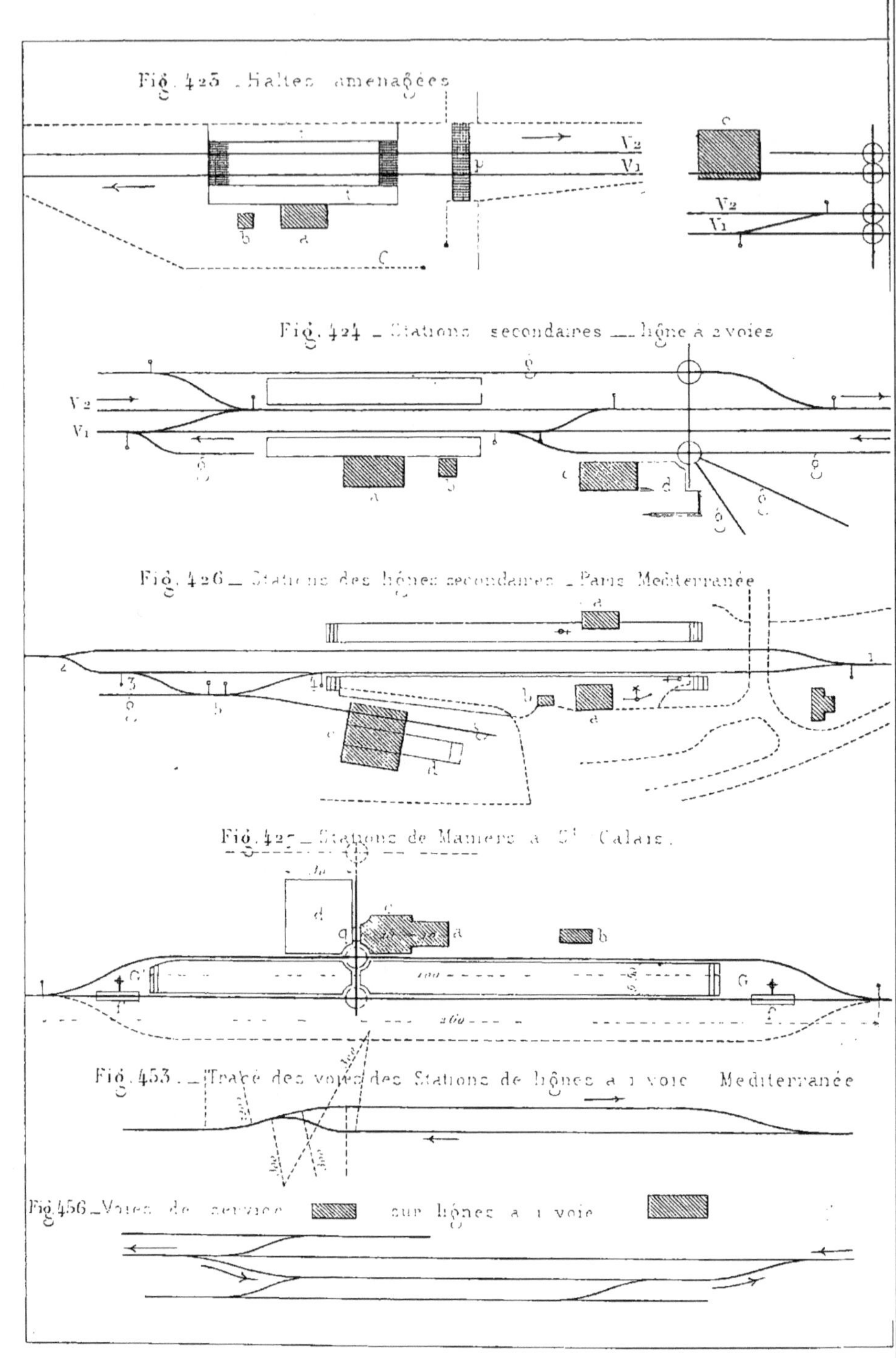

Fig. 425 _ Haltes aménagées
V2
V1
Fig. 424 _ Stations secondaires _ ligne à 2 voies
V2
V1
Fig. 426 _ Stations des lignes secondaires _ Paris Méditerranée
Fig. 427 _ Stations de Mamers à St Calais.
Fig. 453 _ Tracé des voies des Stations de lignes à 1 voie _ Méditerranée
Fig. 456 _ Voies de service _ sur lignes à 1 voie

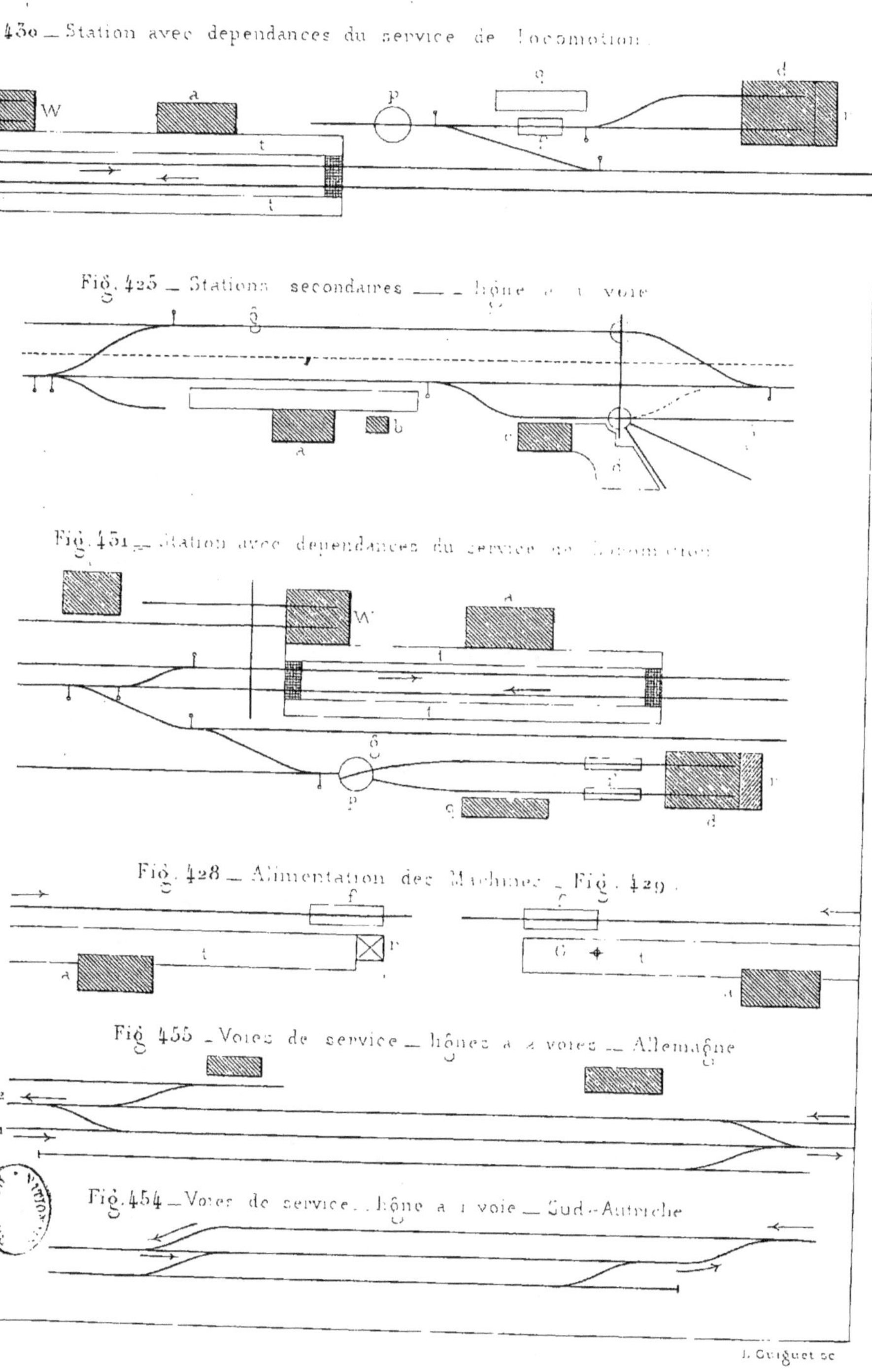

Fig. 430 _ Station avec dépendances du service de locomotion.
Fig. 425 _ Stations secondaires ___ _ ligne à 1 voie
Fig. 431 _ Station avec dépendances du service de locomotion
Fig. 428 _ Alimentation des Machines _ Fig. 429.
Fig. 455 _ Voies de service _ lignes à 2 voies _ Allemagne
Fig. 454 _ Voies de service _ ligne à 1 voie _ Sud-Autriche
W   a   t   p   o   d
V2   V1

Fig. 432.

PARIS
RENNES
GARE DU MANS
Echelle de 5.000
H. Freulon del.
Lemaitre Graveur de l'Empereur sc.
Noblet et Baudry, Éditeurs.
Lamoureux imp. Paris.

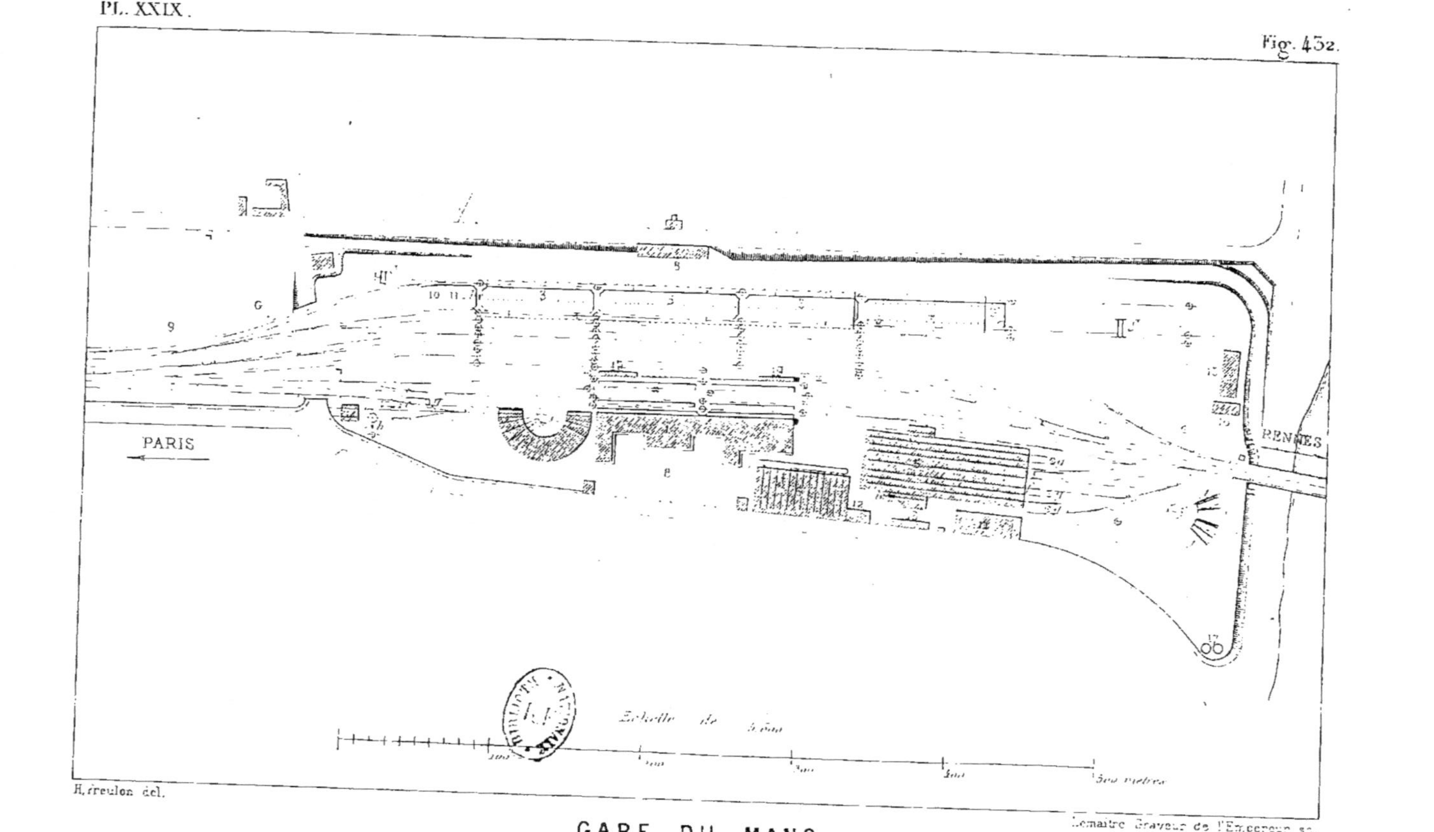

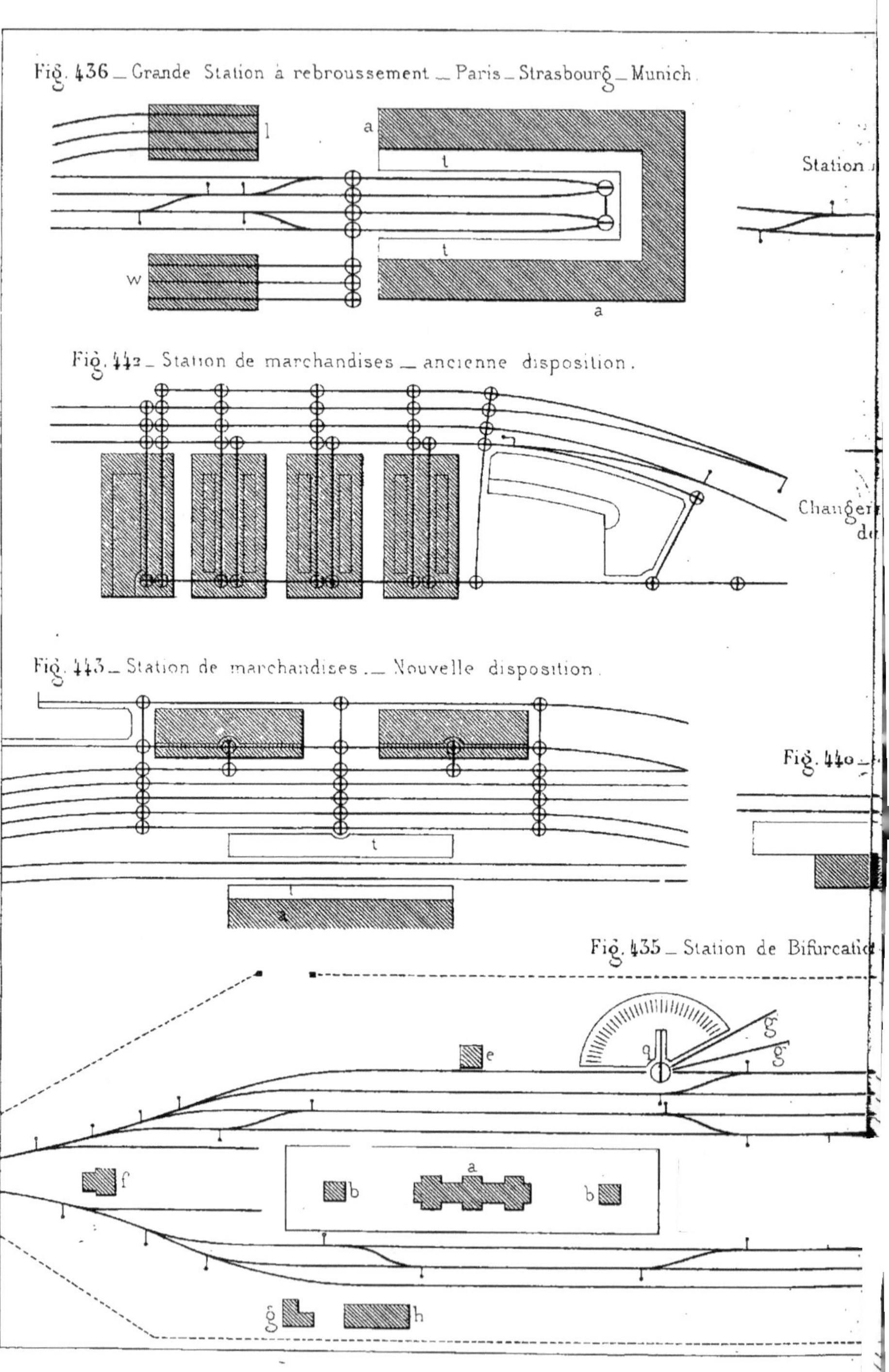

Fig. 436 _ Grande Station à rebroussement _ Paris _ Strasbourg _ Munich.
Station
Fig. 442 _ Station de marchandises _ ancienne disposition.
Changer
de
Fig. 443 _ Station de marchandises _ Nouvelle disposition.
Fig. 440 _
Fig. 435 _ Station de Bifurcation
STA
J. Baudry _ Editeur.

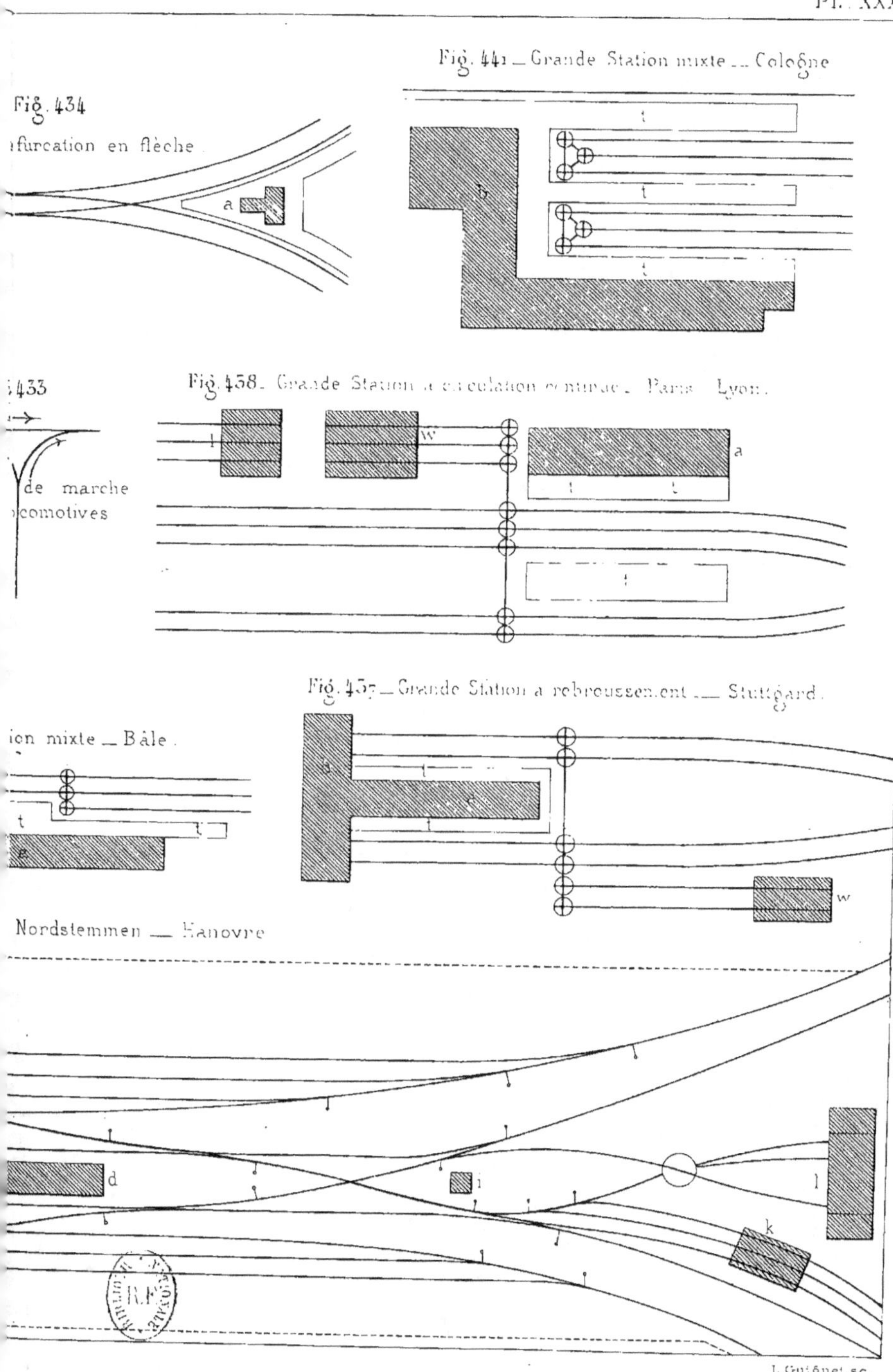
Fig. 434
Bifurcation en flèche.
a
Fig. 441 _ Grande Station mixte _ Cologne
b
t
t
433
de marche
locomotives
Fig. 438 _ Grande Station a circulation continue _ Paris Lyon.
w
a
t
Fig. 437 _ Grande Station a rebroussement _ Stuttgard.
a
t
w
Station mixte _ Bâle.
t
Nordstemmen _ Hanovre
d
l
l
k
L. Guignet sc.
VS.
Imp. Ch. Chardon ainé, Paris.

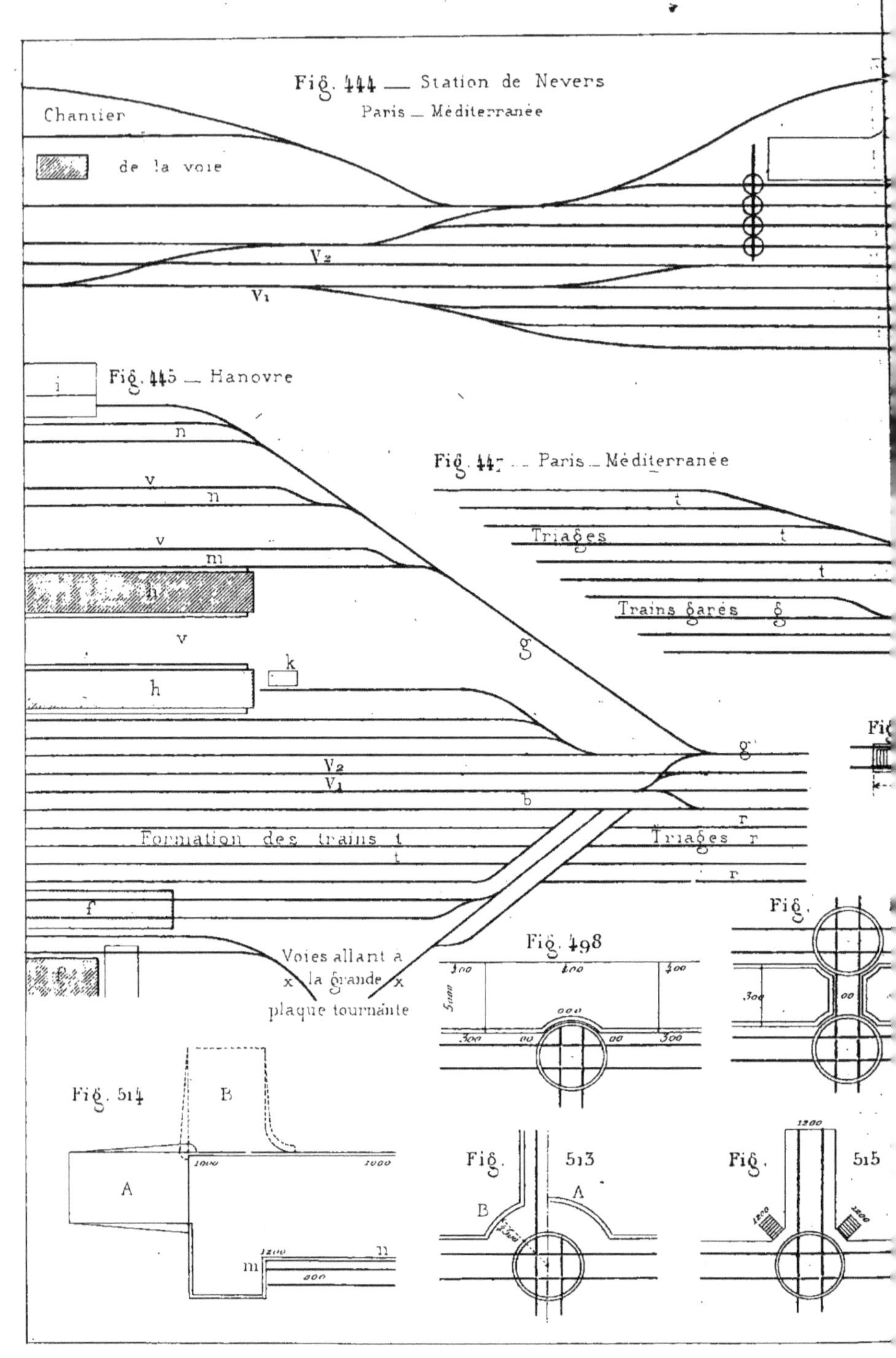

Fig. 444 — Station de Nevers
Paris — Méditerranée
Chantier
de la voie
V2
V1
Fig. 445 — Hanovre
n
v
n
v
m
h
v
k
h
V2
V1
Formation des trains t
t
f
Voies allant à
x la grande x
plaque tournante
Fig. 447 — Paris — Méditerranée
t
Triages
t
t
Trains garés g
g
g
b
r
Triages r
r
Fig. 498
300
300
300
5000
300
00
00
300
Fig. 514
B
A
1000
1000
1200
m
900
Fig. 513
B
A
Fig. 515
1200
Fig.
Fig.
300
00

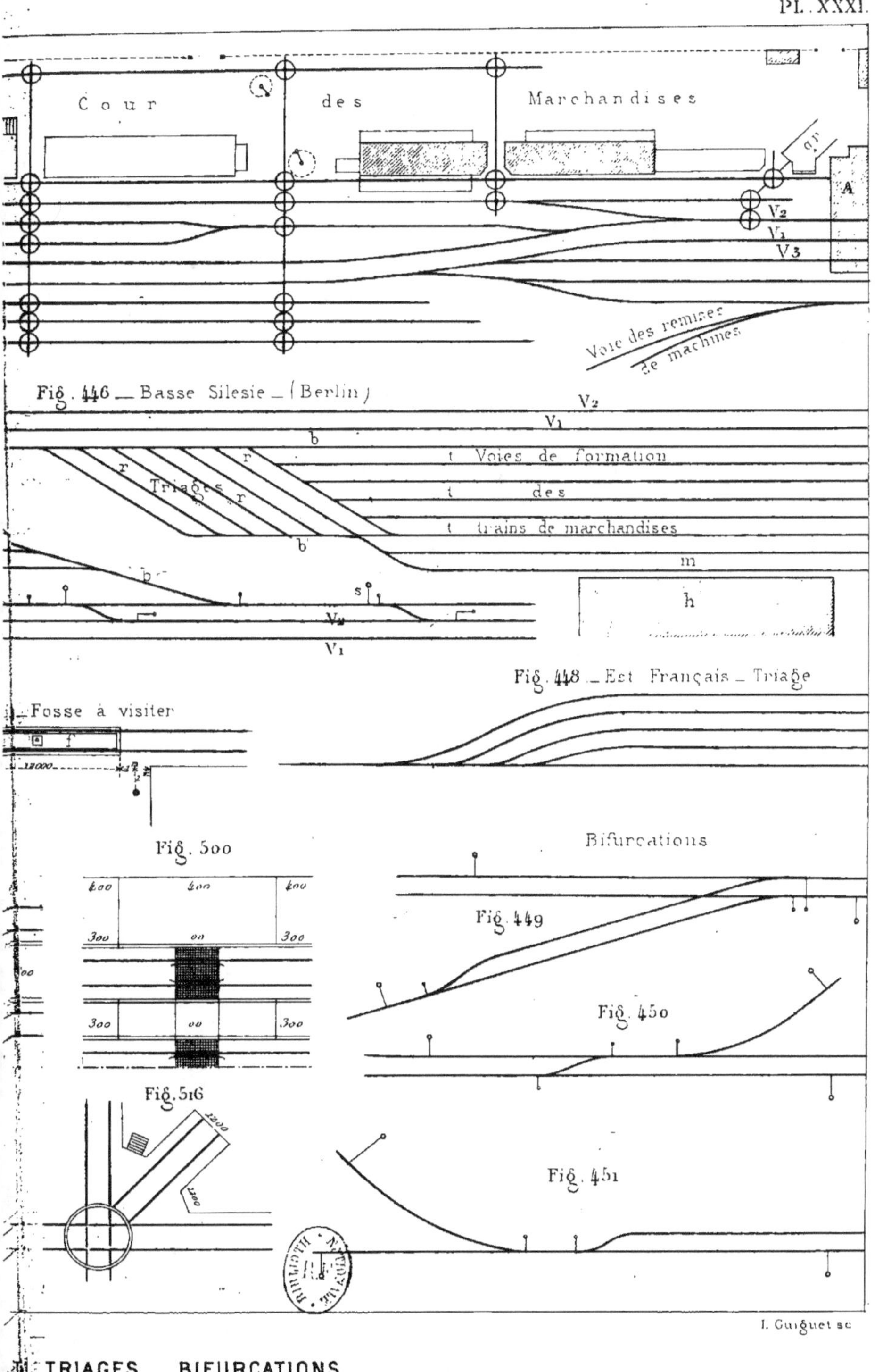

I. Guiguet sc

TRIAGES _ BIFURCATIONS.

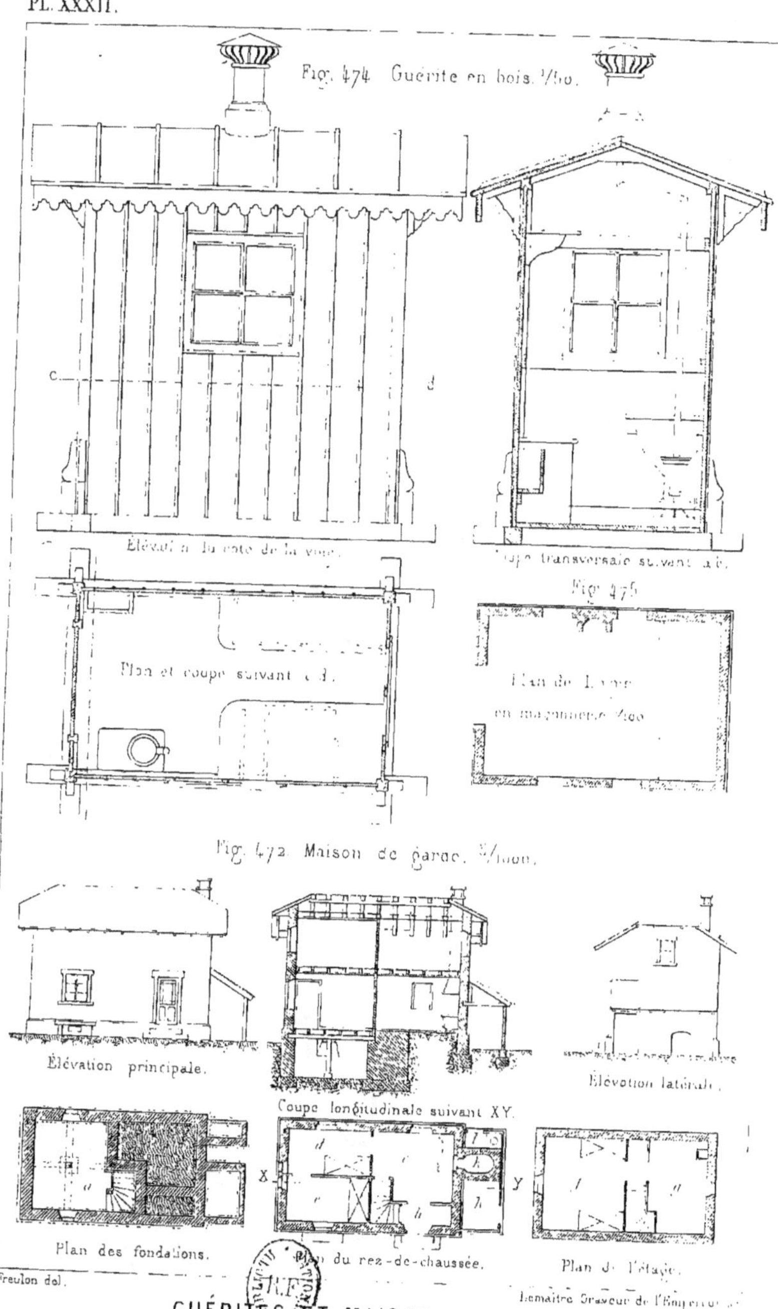

GUÉRITES ET MAISON DE GARDE

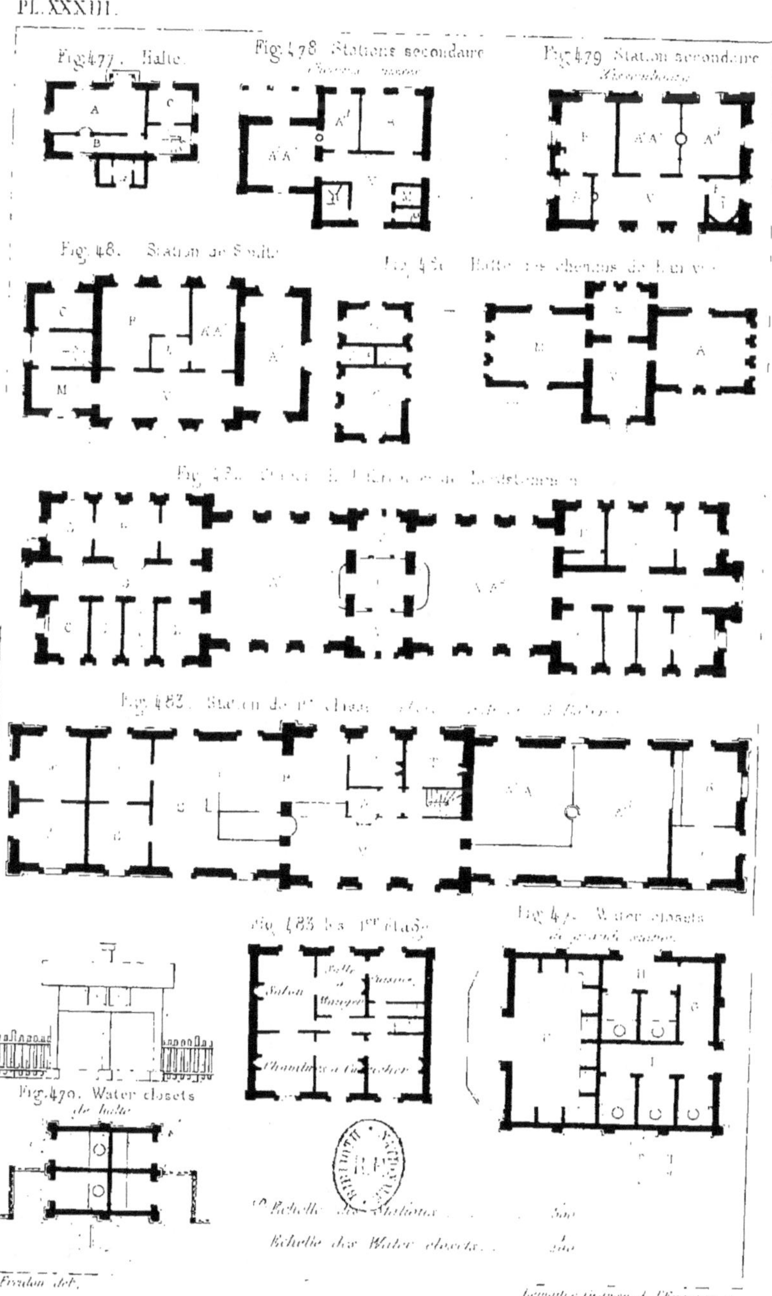

BATIMENTS DE STATIONS

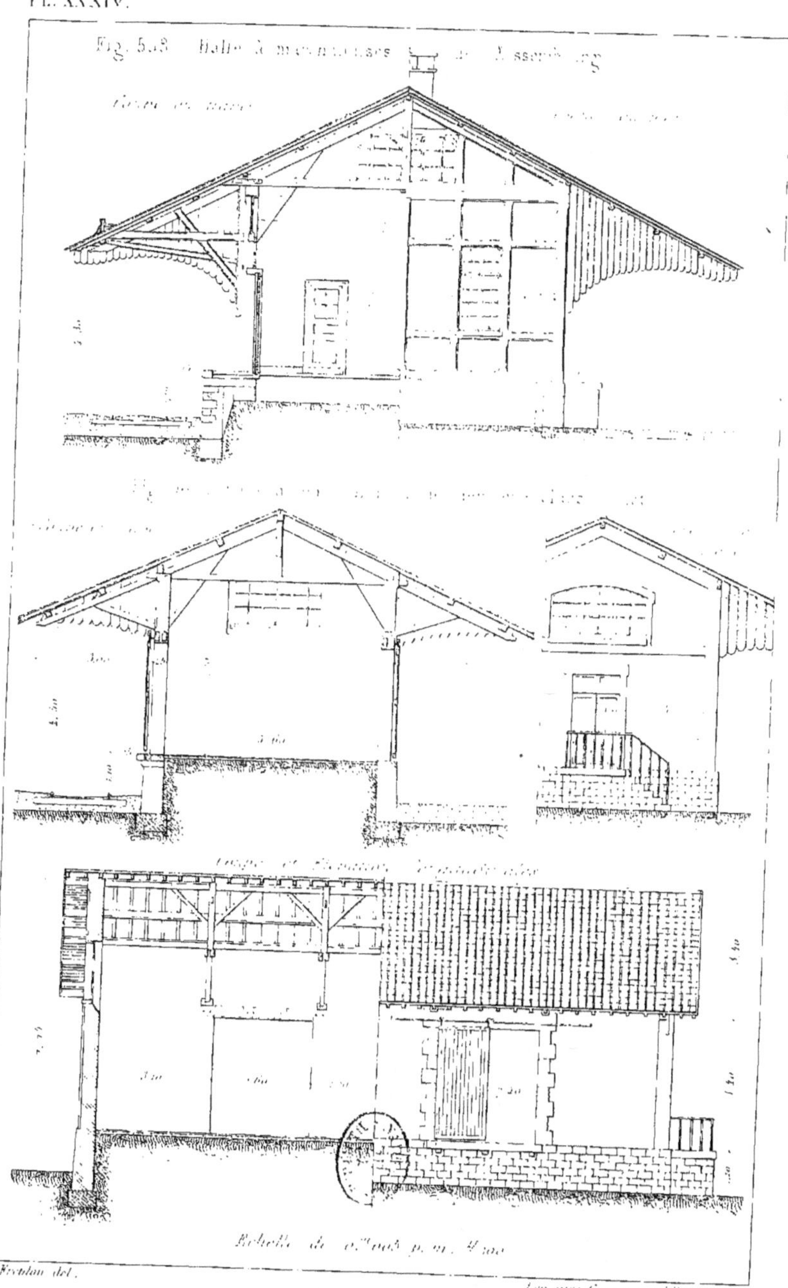

HALLES À MARCHANDISES

Fig. 541.

Vue extérieure.
Coupe sur AB.
Coupe sur CD.
Vue de profil.
Échelle de
Vue en plan.
Vue en plan, le plancher enlevé
H. Freulon del.
LORRY POUR L'ENTRETIEN DE LA VOIE

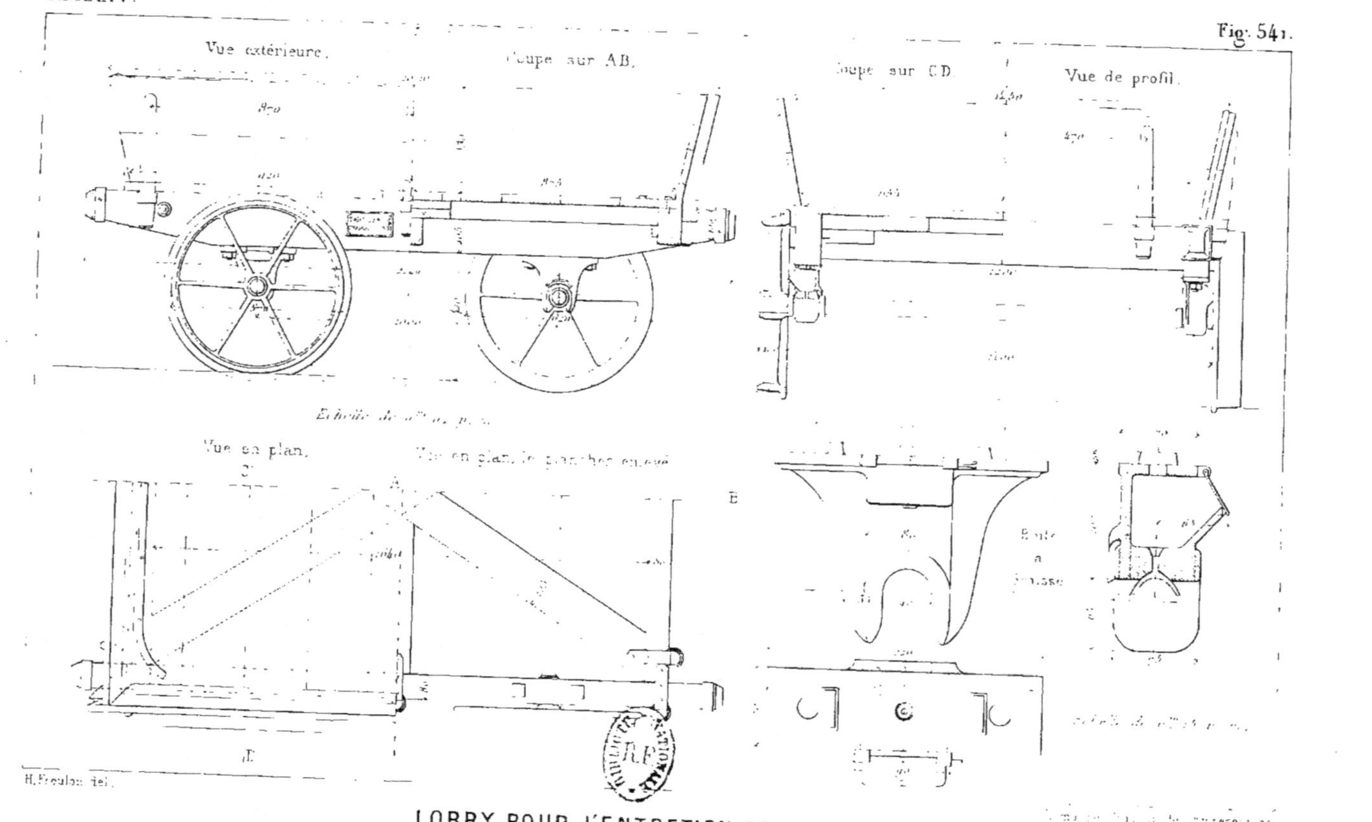

TRAITÉ PRATIQUE

DE

L'ENTRETIEN ET DE L'EXPLOITATION

DES

CHEMINS DE FER

Par CH. GOSCHLER

Cet ouvrage, utile aux ingénieurs, aux fonctionnaires du contrôle et aux agents des chemins de fer, aux entrepreneurs, aux constructeurs et fournisseurs de matériel, aux négociants en relation avec les chemins de fer et aux élèves des écoles spéciales, forme 4 gros volumes in-8° de plus de 700 pages chacun, avec 706 figures dans le texte et 1 Atlas de 35 planches . . . . 56 fr.

Les tomes I et II, avec l'Atlas comprenant tout le service de la voie, 2° édition . . . . 32 fr.

Les tomes III et IV, comprenant les services de la Locomotion, de l'Exploitation et l'Administration, chacun séparément . . . . . . 12 fr.

PARIS. — TYPOGRAPHIE A. HENNUYER, RUE DU BOULEVARD, 7.